クビでも年収1億円

小玉 歩
AYUMU KODAMA

角川フォレスタ

読者の声

「自分自身が抱えていた疑問の答えが全て本の中に書かれていました。本当の意味で自由を手にしたい。時間とお金に振り回される日々から解放されたいと強く思いました」

（40代　公務員）

「サラリーマンの現実がわかりました。仕事が忙しく帰りの遅い旦那に読んでもらい、時間をつくって、家族との時間の大切さを知って欲しい」

（30代　主婦）

「私は働くことがストレスでした。辞めたいが辞める方法がわからない。そして辞めたとしてその後どうなるのか不安で我慢して働いていましたが、この本を読んで行動することを決意し、ストレスが減りました」

（20代　女性）

「結婚妊娠を機に退職しましたが、それがなければいまだに奴隷生活だったと思うと背筋が凍ります。それほど目が覚める内容です。子供の教育にも役立ちそう」

（40代　女性）

「年収1億円と聞くと、すでに自分と次元が違う人間なのかと思っていましたが、むしろ、

読者の声

逆でした。当たり前のことをして、人間らしく生きていると感じました」（20代　学生）

「この本は頑張るサラリーマンの応援歌です。成功マニアの本ではありません。成功していない成功コンサルタントの本でもありません。頑張るサラリーマンが幸せをつかむための本です」（30代　会社員）

「家族や彼女をもしもの時にはすぐに助けてあげられる余裕が欲しい。ならば、絶対に現状を変えなければ。読み終わった今、そんな気持ちでいっぱいです」（20代　アルバイト）

「家族を養うために会社に勤めて、お給料を貰ってそのお金で家族を養い、生活することが当たり前のことだと思っている主人に本当に自分がしたいことは何なのか？　この本を読んで、考えてもらいたいなと思いました」（20代　主婦）

「世の中に本当の意味で必要とされている能力・ポテンシャルを持った人間はいち早くインターネットの可能性に気づき、参入している事実が理解できました」（50代　経営者）

「独立しようか迷っていましたが、現状維持がまずいことや準備のヒントがいっぱい書かれていたので、決意が固まり、スッキリしました」（40代　男性）

はじめに

数ヶ月前、お金も時間も自由じゃなかった

本書を手に取っていただきありがとうございます。

この本を手に取っていただいたあなたは、

「このまま今の仕事を続けていていいのかな……」

「本当に会社で頑張れば幸せになれるのだろうか？」

「上司がどう見ても幸せそうに見えない。自分もああなるのだろうか……」

「気がついたら、家族との時間がどんどん少なくなっているな……」

「資格でも取って給料の高い仕事に転職しようかな……」


こんなことを感じて悩んでいらっしゃるかもしれません。


ただ、もう大丈夫です。

本書を読んでいただき、今日できることから行動を変えていただければ、あなたの

理想とする生活にどんどん近づいていくはずです。

本書では、少し前までどこにでもいるサラリーマンだった私が、どうやって年収が1億円になり、時間の面でもお金の面でも完全に自由になって、家族との理想の生活を実現することができたのか？　その方法をお伝えしています。

今でこそ、時間もお金も自由な生活をしていますが、ほんの少し前までは、毎朝眠い目をこすりながら出勤し、満員電車で立ったまま居眠りをして通勤するという理想からはほど遠い生活をしていました。つまり、今のあなたと同じように、このままでいいのかぼんやりとした不安に悩まされていたのです。そんな、平凡なサラリーマンだった私にもできたのですから、行動さえすれば、あなたにも必ずできるはずです。

非難が殺到しないかドキドキしています

これが、本書を読み返してみての私の率直な気持ちです。

本書でお話ししていることは、２０１２年2月に私が開催した少人数制のセミナーがベースとなっています。そのセミナーでもサラリーマンの生活をテーマにお話ししたのですが、内容があまりにも〝過激〟なので、直前までそのままのテーマでお話しするか本気で迷っていたのを今でもよく覚えています。

結果的に、参加者の方々から**「目が覚めました！」**とか**「行動が変わりました！」**というたくさんの感謝の声をいただき、セミナーは最高の結果となりました。

とはいえ、もしかすると、最初はあなたの今の生活を全否定されるように感じ、いい気分がしないかもしれません。

ただ、本書を読んでいい気分がしないということは、あなたの現状がそれだけ〝ヤバい〟ということだともいえるのです。

「どうするんだ小玉、辞めるのか？　辞めないのか？」

2011年10月……。私は会議室に呼び出され、上司を前にして、7年間勤めてきた上場企業を辞めるかどうかの決断を迫られていました。

このような状況になってしまった理由は本書の中で詳しく説明しますが、実質、私に選択の余地はありませんでした。事実上の〝クビ〟を宣告されたというわけです。

私は決してダメな社員というわけではありませんでした。営業成績が良く、社長賞をはじめとして、各種表彰を何度も受けてきましたし、昇進試験にも、一発合格を果たしています。

自分で言うのもなんですが、そこそこ優秀な社員だったといえるでしょう。

そんな、一般的には安定が約束されていると思われている上場企業のいわゆる「エリート社員」であっても、あっさりと〝クビ〟になってしまうのがサラリーマン社会の現実です。

というわけで、私は7年間勤めてきた上場企業を事実上〝クビ〟となりました。

このご時世に失業。しかも、当時、妻は妊娠中で、数ヶ月後には出産を控えているという状態。

普通であればこれ以上ないほど最悪な状況のはずですが……。

クビになって手に入れた最高の人生

それから転落人生の始まり……とはなりませんでした。

というのも、当時、私にはサラリーマンの収入をはるかにしのぐ別の収入がすでにあったからです。サラリーマンをしながら、個人的にインターネットで始めたビジネスの収入がかなりの金額になっていたのです。

その収入のおかげで、クビになっても、何も慌てることなく、それまで通りの生活を続けることができました。

むしろ、会社に拘束されていた時間がまるまる自由な時間になったので、インターネットビジネスに使える時間も増え、収入もどんどん増えていきました。

気がついたら年収1億円を突破し、サラリーマン時代からは考えられないほどの圧倒的な経済的自由を手に入れました。なにしろ、サラリーマンでは一生到達できない年収ですから。

収入が増えたことはありがたいですが、本当によかったのは、**自由な時間が増えた**ことです。おかげで、家族と過ごすことができる時間が格段に増えたのです。

本書を執筆中の2012年6月29日、妻が第一子を出産し、私も一児の父親となりました。

出産の数ヶ月前に会社をクビになったため、妻の産婦人科への通院にも毎回付き添うことができましたし、7時間以上にわたった出産にも立ち会うことができました。

ところが、いろんな方の話を聞いてみると、出産に立ち会いたいと思っていたのに、会社の都合で、立ち会うことができなかったという方はすごく多いようです。

大切な人をいざというときに大事にできる

一見、当たり前のことのようですが、実際には会社やお金の事情によって、そうもいかない場合が多いのではないでしょうか?

実は、私にもそれを痛感した出来事がありました。数年前のことです。

私の両親は秋田県でラーメン屋を営んでいたのですが、経営が思わしくなく、多額の借金を抱えて倒産してしまいました。

そのときも、何とかしてあげたい気持ちはあったのですが、私にできたのは指をくわえて見ているだけ。生活するのに精一杯のサラリーマンだった私には両親の店を何とかしてあげる余裕などなかったのです。このときほど、自分の無力さを呪ったことはありません。一生忘れることのない経験です。

しかし、今は違います。

自由なお金と自由な時間を手に入れたことで、**家族を始めとする大切な人を守ることができる**ようになりました。

大切な人の力になることができる。それこそが最高の人生だと感じています。

〝クビ〟という普通なら家族が崩壊するほどの事件が起こったにもかかわらず、一転して時間もお金も自由になり、大切な家族を守ることのできる最高の生活を手に入れることができました。

クビになってわかったホントにヤバいサラリーマン生活

退職することが決定した次の日から残っていた二週間ほどの有給休暇の消化に入りました。その後、退職の手続きのため、最後の出社をした日のことです。

私は高田馬場から品川まで山手線で通勤していたのですが、二週間ぶりに乗車した満員電車で、肩がぶつかり、知らない人から文句を言われ、気分が悪くなってしまい、品川駅まで乗っていることができず、思わず五反田駅で電車を飛び出してしまいました……。

そして、目の前を次々に通過していく満員電車を眺めながら、「こんな電車に7年間も何の疑問も持たずに毎日乗り続けていたのか……」と愕然《がくぜん》としました。

大多数のサラリーマンにとっては当たり前とされていることでも、今となっては〝異常〟としか思えないことの連続です。

社長賞をとっても違いはたったの3000円

本書の第1章でお伝えしますが、「サラリーマンの常識」って、よく考えると、あまりにも〝ヘン〟なことが多いと思いませんか？

例えば、私は営業職として社長賞をいただいたのですが、そのときの昇給の金額もまわりとたったの3000円しか違いがありませんでした。1万人以上いる社員の中で社長賞をもらえるのはたったの10人。それにもかかわらず、**給料は3000円の違いしかない**のです。

その他にも〝ヘン〟なことだらけですよね。

・実力があっても年功序列で出世の追い越しは実質禁止
・上司の指示で提出したはずなのに、その後、見向きもされない業務改善案
・顧客ニーズが反映されない古くさい時代遅れの業務マニュアル
・何重にもハンコが必要な社内の書類申請

どうでしょう？　あなたも心当たりはありませんか？

このように、よくよく考えるとサラリーマンはどうにもおかしなことが多いのです。

そして、恐ろしいことに、サラリーマンは頑張っても、頑張らなくても、結果にたいした違いはありません。社長賞の一件で、この事実を痛感してからというもの、私の仕事に対するヤル気は急激に失われていきました。

◎彼女から借金までして挑んだ株式投資で大損！深夜の居酒屋バイトに……

頑張っても給料は上がらないので、このままでは一生豊かな生活はできない……。

上場企業であっても、それがサラリーマンの現実です。

その事実に気がついてしまった私が、なんとかお金を稼ぎたいと目をつけたのが、当時流行っていた株式投資です。主婦や学生などの素人投資家が大儲けしたとマスコミを賑わしていた時代です。

貯金なんてありませんでしたから、当時は彼女だった妻に借金をして、自分も大儲けするつもりで意気揚揚と株式投資を始めました。

絶対にイケるはずだったのですが……。結果は無惨なものでした。

そして、世間一般ではエリートのはずの上場企業の社員にもかかわらず、**深夜の居酒屋で学生に混じってアルバイト**をするハメになってしまいました。

あなたも「成功のゴールデンルール」で人生逆転できる！

そんな悲惨な貧乏サラリーマンだった私を救ってくれたのが、インターネットビジネスとの出会いです。

インターネットでビジネスを始めてから早々に、サラリーマンの給料以上のお金を毎月稼ぐことができるようになったのですから、**人生大逆転**です。始めてから1年後には**月収が上司の年収を超えていました**から、夢のような話です。

「自由に使えるお金があと3万円あったら……」

毎月、給料日前になると、こんなことを考えるのではないでしょうか?

私もサラリーマン時代は毎月そう思っていました。ときにはお金が足りなくなり、ついついキャッシングしてしまうことも……。


でも、こんな悩みとはもうサヨナラです。私が本書で紹介しているインターネットのビジネスなら、毎月3万円くらい誰でもカンタンに稼ぐことができます。

それどころか、ちゃんと実践すれば、あなたの今の月収以上のお金を稼ぐことだって可能です。実際、私のまわりには働きながらでも毎月30万円、50万円、中には100万円以上稼いでいる人もいますので、あなたにもできるはずです。


実は、インターネットビジネスには、**成功者だけが知っている鉄板で成功する方法**があります。不思議なことに、このビジネスで成功している方は、必ずと言っていいほど、このルールでビジネスを行っているのです。

本書では、多くの成功者を輩出している、誰もが無理なくできる最強の方法を「誰でもできる！　理想の人生を手に入れるゴールデンルール」として紹介しています。
あなたが現時点ではインターネットのことをよく分かってなくても、このルールの通りに取り組んでいただくことで、成功を手に入れることができる可能性が格段に高くなるのです。

まずは「非常識な11のリスト」を実践して自由な時間を手に入れることから始めよう！

「稼ごうと思っても時間がない……」

あなたもそんな悩みを抱えているかもしれませんね。私自身もちょっと前までサラリーマンとして毎日10時間以上、会社に拘束されていましたので、その気持ちはよくわかります。時間がないことにはビジネスもなにもあったものではないですからね。

そこで、本書では**「人生を好転させる非常識な11のリスト」**として、私自身が自分の時間を確保するために実践していた行動をまとめました。

このリストをひとつずつ毎日の生活の中で実践していけば、びっくりするほどの自由な時間を手に入れることができるはずです。

ただし、はっきり言って、今のあなたからすると〝非常識〟だと感じる内容がほとんどでしょう。

しかし、〝ふつう〟のままでは、理想の生活を手に入れることはできないと断言できます。


あなたは、年収2000万円以上の人は、全労働人口の何％存在するかご存知でしょうか？

何と、わずか0・4％しか存在しないのです。

つまり、年収2000万円以上は圧倒的な少数派だということですね。


理想の生活を手にしたいと本気で思うなら、**少数派になることを恐れていてはいけません**。その他大勢と同じように、「妥協」と「我慢」の連続の生活のままでいいというなら別ですが……。

そんな生活から抜け出したいと願うのなら、思い切って少数派になりましょう。恐れることは何もありません。

できることからでいいので、「11のリスト」を実践してみてください。

あなたの人生において必ず良い変化が起こるはずです。

本書を読めば今日からあなたの行動が変わる！

今でこそ、脱サラして自由な時間と自由なお金を手に入れている私ですが、だからといって、あなたにもいきなり会社を辞めるよう勧めたりはしません。

ただ、今の生活を続けながらも、いざというときに大切な人を守ることができるような準備はしておくべきですよね。

そのため本書では、サラリーマンを続けながらでも、どうしたら**無理なく理想の生活に近づいていくことができる**のかを私の実体験をふまえて順を追って解説します。

本書の内容をできることから実践していけば、あなたの生活も好転していくはずです。

◎本書でお話ししている内容を簡単にご紹介しておきます

【第1章】では、「人生に遅すぎることはない！」というテーマで、私が会社を辞めて客観的にサラリーマン生活を振り返ったときに見えてきたサラリーマンの不条理な部分をお伝えしていきます。

この章を読み、自分自身の置かれている状況に当てはめていただければ、あなたが無意識に過ごしてきたサラリーマン生活が、いかに不条理で理不尽なものなのかよくお分かりいただけると思います。

今すぐに行動しなければいけないという気持ちに駆られるでしょう。

【第2章】では、「ダメな自分にサヨナラする」というテーマで、深夜の居酒屋でバイトをしていた極貧のサラリーマン生活をしていた私が、どのようなきっかけで年収1億円にまでなったのかエピソードを交えて紹介しています。

私がどのようにして収入を増やしていったのかよくお分かりいただけるでしょう。

きっとあなたにもできると思えるはずです。

【第3章】では、「誰でもできる！　理想の人生を手に入れるゴールデンルール」というテーマで、インターネットビジネスで大成功するための鉄板のルールをまとめました。

このゴールデンルールで私自身も**年収1億円を達成**しましたし、インターネットビジネスで成功している人が、実はみんなこの通りに取り組んできた秘密のルールです。

このルールを守っていただければ、あなたもきっと理想の人生を手にできるはずです。

【第4章】では、「このままではあなたが不幸になる理由」というテーマで、あなたがこのまま、のほほんとサラリーマン生活を続けていては、真面目に頑張っていても不幸になってしまう日本の状況についてお伝えします。

これから**人並みの幸せな生活をしたいと思ったら、今すぐに行動するしかない状況だ**ということがお分かりいただけるでしょう。

【第5章】では、「人生を好転させる非常識な11のリスト」というテーマで、私自身が実践してきたサラリーマンとしては非常識な、「自由な時間」を確保するための方法をお伝えします。

あなたがお金を稼ごうと思ったら、まずは自由な時間を確保する必要があります。

この11のリストを実践していただければ、忙しいと思っていたサラリーマン生活が、実はそんなに忙しくないということがわかり、あなたの自由になる時間が圧倒的に増えるでしょう。

その時間でゴールデンルールにしたがってインターネットビジネスに取り組めば、**あなたの収入が激増する**はずです。

以上が、本書でお伝えしていることです。

あなたの人生は今日からスタートです

私がこれまでにやってきたことは、一つひとつを見ていくと、何も難しいことはありません。

誰にでも実践できるカンタンなことです。

あなたができることからで構いません。

一気に生活のすべてを変えようとする必要はありません。無理なくできることからやってみてください。

そのちょっとしたことの積み重ねが、数ヶ月後、数年後、あなたの人生を今の延長線上にない、別次元へと導いてくれるはずです。

さあ、今日から新しい人生のスタートです。

あなたの人生を変える第一歩をこれから踏み出しましょう。

２０１２年　９月

小玉　歩

クビでも年収1億円

目次

第1章 人生に遅すぎることはない!

第2章

ダメな自分にサヨナラする

第3章

誰でもできる！
理想の人生を手に入れるゴールデンルール

第4章
このままではあなたが不幸になる理由

第5章

人生を好転させる非常識な11のリスト

編集協力 永渕 成記
取材・構成 木村 保
カバーデザイン lil.inc
(ロータス・イメージ・ラボラトリー)
本文DTP 星島 正明

第1章

人生に遅すぎることはない！

◎サラリーマンの時代はもうすぐ終わる

「いきなり何を言い出すのか？　そんなわけないじゃないか！」

あなたはそう思うかもしれませんが、これは、現在進行中の大きな時代の流れです。

「今ある常識を疑うこと」がいかに重要であるかを、今のあなたにお伝えしたくて、いきなり過激とも思われるようなこの話をします。

「今ある常識を疑うこと」があなたの行動への第一歩となるからです。


今から6年前に、米国副大統領のスピーチライターを務めたこともある先進的な作家・コンサルタントのダニエル・ピンク氏が、著書の中でこんな予言しました。


学校で学んだ知識を生かして働く「ナレッジワーカー（知的労働者）」の仕事は、今後どんどん減っていく。

主に左脳を使った理論的、分析的知識を吸収し、それを適用していく仕事で、数値や事象を管理したり、知識を伝達したりする仕事。

これらは、反復性、再現性の高いルーティンワークなので、コンピュータやインターネットの発達や、また低賃金で同じ能力を提供するアジアの新興国の人々によって取って代わられる。


ここには、プログラマーや、医者・弁護士・教師などの仕事が含まれています。

事実、アメリカやヨーロッパ、また日本でも、グローバルな外注化がどんどん進み、企業は正規雇用者を減らし続けています。


あなたの仕事は、5年後もそのまま続けられる仕事でしょうか？

3秒でクビ？

「どうするんだ小玉、辞めるのか？　辞めないのか？」

部長のデカい声が、空間を支配していくように室内に響きました。

2011年の10月のある日、私は直属の上司の呼びつけで、役員室にいました。

日本中の誰もが知る大手カメラメーカーの販売会社。

ここで大学卒業後7年間勤めていた私は、とあることがきっかけで、自身のクビを問われることになったのです。


今どきよく聞くリストラ？

いや、違うんです。

社内での私は、むしろ将来を約束された優秀社員。

営業部時代の輝かしい販売実績が評価され、名誉ある社長賞を受け、人気のあるマーケティング部から名指しで引き抜き。

そこでも数々の実績をあげ、誰がみても、表面上は、非の打ち所がない社員だったのです。


そんな有望社員が、**なぜいきなりクビを問われることになったのか？**

複数の女性社員と関係をもった？

それともパワハラ？

この本をお買い求めいただき、読んでいるあなただけにはお話しします。

実は、私はもうひとつの顔を持っていました。

ここだけの話ですが、本業に飽き足らず、インターネットのビジネスで月に100０万円近い金額を稼ぎまくっていたことが、思いっきり会社にバレたのです。

ただ、これだけはあなたに伝えておきたい。実際の私は副業以上に本業を頑張っていました。勤務中は、会社においての利益を一番に考えて行動していましたし、副業のせいで会社に迷惑をかけたことはありません。


でも、事態がここまで進んでしまっては、仕方ありません。

会社の奴隷のごとく無表情な部長に対し、覚悟を決めてひと言。

「辞めます」と答えました。

返答まで、おそらく3秒とかかっていなかったと思います。

クビでも月収1000万円!?

その晩、自宅に帰って妻に報告すると、文句を言われました。

「えっ！　なんで私になんにも相談しないで決めてるの!?」

「だって、会社を辞めなかったら、インターネットビジネスを辞めるんだぞ。迷う理由ないじゃん」

「でも、ひと言、声をかけてくれてもよかったのに」

結婚してまだ9ヶ月。妻にしてみれば、大企業の安定給与を失うのは少し不安があったのでしょう。


私はその頃、ネットでのコンテンツ販売事業などで、月に１０００万円ほどの収入がありましたので、当面、経済面での心配はゼロ。30歳そこらでこの金額を稼ぎながら、会社員としても一生懸命働いていた私は本当に真面目ですよね。しかし、それには明確な理由がありました。

どこかで会社の安定した収入に依存している自分がいました。そんなこともあり、稼いではいましたが、私は、みなさんとなんら変わりのない普通のサラリーマンだったのです。今思えば、「安定した収入とは何なのか？」ということから考えなければいけないのですが、当時の私は**やはり「大企業」「安定」という言葉に洗脳されていたのかもしれません。**

しかし、このクビ事件がきっかけとなって、完全に自分のビジネスに専念することができ、そこから収入もどんどん増える。まさに神のお告げというか、バレるべくしてバレたのか、思わぬ展開ではありましたが、今思うと絶妙のタイミングだったような気がします。

会社をクビになってから、この本を書いている２０１２年の7月現在まで、まだ1年と経っていません。

振り返ると**「本当にサラリーマンを辞めてよかった」**、**「会社にバレてよかった」**と心から感謝して日々を過ごしています。

なぜ、それほどまでに、「サラリーマンを辞めてよかった」と言い切れるのか？

その一番の理由は**「時間が自分の自由になる」**こと。そして、そのことが自分自身のありとあらゆる幸せにつながっています。

実は、会社を辞める直前に、**妻の妊娠が発覚**。

退職後にできた時間を使って、妊娠中の父親学級から、臨月、出産の立ち会いまで、たっぷりと妻をフォローし、パパになる準備をすることができました。

ですが、すべての行事に参加していたのは私だけでした。妻の「妊娠から出産」という人生において大切な時間を仕事のせいで共有できないなんて、ちゃんと考えれば、なんかおかしいですよね。

そして、この6月、無事に元気な男の子が誕生し、今は「イクメン」街道まっしぐらな日々です。もちろん、ビジネスのほうも順調そのもの。

すべてのシナリオが、まるで、私と家族の幸福のために進んでいるような感覚さえ覚えています。

「自由になる」ということは、家族や本当に大切な人との時間を作れるということ。

心の底から、そのことを実感している日々です。

会社に勤務していた頃には、絶対に味わえなかったこの自由と幸せ。

今思うと「あんな辛い境遇によく耐えていたなぁ」と自分でも感心してしまいます。

クビになって見えたサラリーマンの異常性

辛い境遇の中でも、特にしんどかったのが、満員電車です。

毎朝決まった時間にぎゅうぎゅう詰めの電車に乗せられて、関節が外れるくらいの圧力で知らないおじさんの体と密着する。さらに、肩がぶつかってケンカが起きそうな殺伐とした空気。そんな中、みんな死んだ魚のような目をして線路の上を運ばれていく。私もきっとこの世の終わりみたいな憂鬱な顔をしていたと思います。

会社に着く前にもうぐったりですよね。

だから、**満員電車にもう二度と乗らなくて済む**というのは、会社を辞めて本当によかったと言える喜びのひとつ。けれど、当時はどこかで「これもサラリーマンである以上、しょうがないことだ」とあきらめて、飼いならされていました。

通勤電車は、ほんのひとコマです。

サラリーマンの社会は、ものすごく奇妙で異常な世界。

在職時から、理不尽で矛盾だらけのサラリーマン生活に馴染めなかった私ですが、辞めた今だからこそ、冷静に客観的に見えてきたことがあります。

そして、**今サラリーマンを続けているあなたは、よっぽど気をつけないと、この異常な世界に生きたまま、奴隷のような暮らしを送り、一生を台無しにする危険がある**

と思っています。

独立して、まがりなりにも一国一城の主《あるじ》となった私は、日本のサラリーマンという労働スタイル、そして会社という組織形態に、ものすごく危険性を感じています。

サラリーマンをひと通り経験し、そこから抜け出して自由を勝ちとった私だから言えること。それを余すところなく、あなたに伝えたい。

日本のサラリーマンの「これってヘンじゃない？」という点は、数え上げるとキリがない。細かいことを言ったらたくさんあり過ぎるのですが、実際に私が経験して**「これだけは、許せん！」**と思ったことがあります。

あなたも、きっと頷けることがいっぱいあるのでは？

そして「あっ、それわかる、わかる」と同感できるということは、そこからあなたも抜け出さなければいけないということです。

社長賞のボーナスは宴会代に

私は、わかりやすいルールや仕組みが大好き。だから、仕事の成果には、目に見えるカタチで対価やご褒美をくれるのがいいと思っています。

たとえば営業成績。

私は当時大きく業績を伸ばしていたAmazonの日本法人を担当し、当初年間15億円規模だった売上を70億円まで拡大することに成功。

もちろん、これは担当を任された幸運によるところも大きい。このタイミングで担当すれば、誰でもこれに近い結果を挙げられたとは思います。

その結果、私は**企業のトップセールスとして「社長賞」をいただくことに。**


「小玉、社長賞が決まったぞ」

「ホントですか?」

「ああ、1万人以上いる社員の中で、年間に10人しか選ばれない賞だ」

「嬉しいです!」

「これで、小玉も出世街道に乗ったな」

「あの……。社長賞って、何かもらえるんですか?」

「もちろんだ! 賞金が出るし、研修旅行にも行ける!」

知らせを聞いて、私は素直に嬉しかった。

はっきり言えば、賞金が一番嬉しい。毎月の給料だけではぎりぎりの東京独身生活。これも頑張った自分へのご褒美だ。何に使おうか。

そうだ、彼女と温泉にでも行こう！

しかし、副賞の賞金10万円は、なんと私の自由には使えませんでした。

賞金の使い途は、会社ですでに決められていたのです。

「小玉の飲み会、いつやるのか教えてくれよな」

と上司に言われて、私はわけがわからない。

「なんですか、小玉の飲み会って？」

と思わず聞き返して、びっくり。

会社のルールで、社長賞をもらった社員は、所属している部署のみんなに宴席を設けることになっていました。初めて聞いた私は放心状態。

「彼女、温泉旅行を楽しみにしてたのに、なんて言おう……」

口座に振り込まれた賞金10万円は、1週間と経たずにその宴会資金に消えました。

そもそも、私は会社の飲み会が嫌いでした。

つき合いだけの飲み会なんて、貴重な時間を無駄にする生産性のない時間だと思っていたのです。

そんな私が幹事となって企画する感謝の大宴会。なんという皮肉。

宴会の席で、

「このたびは、皆さんのお力で名誉ある社長賞をいただくことができました。ありがとうございます……」

という挨拶を、こわばった無表情で棒読みしている自分の姿がありました。

たった10万円のことです。私も、せこいことは言いたくない。

もちろん一人で会社の仕事をしているわけではないので、全部自分の手柄だとも思っていません。でも、彼女との小旅行を楽しみにしていた私は、がっかり。

「自由に使えないなら、何のための賞金なんだろう？」

今なら笑って話せるエピソードですが、賞金をもらった他の社員たちも、似たような想いを感じていたはずです。

◎社長賞でも＋αは3000円

表彰を受けた後、さらに失望を隠せなかったのが、翌年の昇給額。

ひそかに期待していた私が、給与明細書に見た金額は8000円のアップ。

同僚の同期の営業マンは、ほとんどの人間が5000円アップでした。

わずか3000円の違いのみだったのです。

「ん？　これが、トップセールスの優秀社員への待遇？」


私は決して天狗になっていたわけではありませんが、70億円以上の売上げを立てるのに、それなりの汗をかいて走り回って、関係各所に頭を下げ、嫌な思いもたくさんしながら、努力してきたのは事実。

「あれだけ頑張ったのに、その対価がこれか……」

という、やり場のない大きな失望感を抱くことに。

それからというもの、私の仕事への情熱は、急速に冷えていくいっぽう。

私の勤務先は、世間ではみんなが知っている大企業。

世間でいうブラック企業ではありません。

それでも一生懸命頑張ったところで、ご褒美は名ばかり。金銭的にもリッチにはなれず、精神的にも気持ちが満たされることもない。

そんな悲しい現実を認識した瞬間だったのです。しかし、同時に、社会で生き残っていくためのルールが少しずつ見えてきました。

あなたの勤める会社では、どうですか？

これを読んでいるあなたもきっと私と同じような思いで仕事をしているはずです。

私はそれから、他の企業に勤めるいろんな方に話を聞く機会がありました。

でも答えは似たり寄ったり。

「営業成績で反映する報酬なんて、そんなものだよ」

という答えがほとんど。あとは、

「成果を出した人事評価は蓄積されて、数年後、昇進時の査定に加えられるんだよ」

これは、ある人事部の方のお話。

一応評価はしているけれど、反映されるのはずっと後のこと。

それが「**大企業の仕組み**」というわけです。

私は、気が遠くなってしまいました。


20代で普通に物欲もあって、まだまだ遊びにも行きたい年頃。

仕事で頑張った成果には、もっとダイレクトなご褒美が欲しかった……。

金銭的なものが無理であれば、昇進でもよかった。そのことにより今まで以上に大きなプロジェクトを任され、仕事の幅を広げることができ、人間として成長が望めると考えていましたから……。


この一件はその後、私と会社の関係性を変えるには、十分すぎる出来事でした。


だって考えてみてください。

同じ私という人間が、夜の時間を使ってやったインターネットでのビジネスは、10万円からスタートして、半年後には月収１００万円になりました。

同じ努力をするなら、どっちが楽しくて、やる気が出ますか？

頑張った分、お金になって返ってくるほうが、嬉しいに決まっています。

しかも、使い途を指図されることもない。

今では、私は自分で稼いだお金を、誰に遠慮することなく自由に使えます。

先日も、急にワールドカップ予選を生で観戦したくてたまらなくなり、ヤフオクで4枚で31万のチケットを衝動的に落札。ちょっと高い買い物になりましたが、頑張って稼いだ自分へのご褒美です。これこそ本当の対価ですよね。

大企業に入社することは本当に勝ち組か？

私が国立大学を卒業し、この会社に就職したとき、秋田にいる両親は本当に喜んでくれました。「ああ、歩もこれで安心だ」と。

誰もが知っている有名企業で天下の東証一部上場。近年の会社業績も好調。

私自身、「これで人生の勝ち組に入った」と思い込み、「将来はバラ色に違いない」と考えていたものです。

今の私から見ると、何がバラ色だと。「大企業こそ年功序列のため上が詰まっていて、将来はお先真っ暗だぞ」と言いたい。

大企業といっても、業績も経営体質も様々。

当たり前ですが、社員の待遇も給与体系も福利厚生も全然違います。

有名企業で、売上高や社員数が多いからといって、給与水準が高いとは限りません し、実力主義であることもない。

今のところ業界に確固としたシェアを持っていて、当面の経営は安定しているかも しれません。

ですが「大企業に入った」というだけで将来もずっと安泰、**お金にも一生困らない と思い込んでいた私は、完全に無知もいいところ**。そして、この思い込みは決して私 だけではないはず。もし、あなたも**「大企業=安泰」と簡単に考えていたら、それは 今の時代には通用しない**ので、覚えておいてください。「嘘だろ?」と言いたいあな たは一度でも自分の勤務先を客観的に調べたことはありますか?

話がそれましたが、少し私の生い立ちをお話しします。きっとあなたと何も変わら ない普通の人間だということをわかっていただけると思います。

私の両親は、ずっとラーメン店を営んでいました。正直、豊かな家だったとは言えない。食べるものに困ったことはないけれど、両親がいつも家計のことで苦労しているのを、小さいときから感じて育っていました。

そんな両親が、かなりの無理をして大学に行かせてくれたのです。

だからこそ、私としては、絵に描いたような出世街道を進み、リッチで余裕のある生活を手に入れたかった。


人並み外れて大金持ちになりたい、という願望があったわけじゃない。

とにかく、お金が足りなくて苦しいと思うような生活はしたくなかったんです。

普通に結婚をして、家庭を持ち、マイホームを手に入れて。

子供は2人くらいで、それなりの教育は受けさせたい。

たまには、長期休暇をとって家族で海外旅行に行ったり。

そして、田舎の両親にも、今まで苦労をかけた分、ラクをさせてやりたい……。

そんなささやかな人生プランが、私の願望。

お金の心配をすることなく、それができればいい。

あなただって、最低限、こういう暮らしがしたいですよね？
私は、会社で頑張れば、そういう人生が手に入ると思っていたんです。
完全に、甘かったです。

誘っておいて割り勘する部長

私の当時の目標は、大変わかりやすく、年収１０００万。
特に根拠なんてありません。
年収が１０００万あれば、なんとなくそこそこリッチのような気がしていたんです。
社内では、30代後半から40代の課長クラスが、このあたりの年収でした。
彼らを目標として、早く出世できるように会社で実績を積めばよいはずでした。

しかし、どうも様子がおかしい。
課長や部長の様子を見ていると、どうみてもそんなにリッチには見えない。
むしろ、色々なものにとりつかれているかのように苦しそうに見える。

入社してまもなく、仕事帰りに部長に誘われたときのこと。

「小玉、一杯行こう」

「あ、はい……」

お酒を飲みながら仕事の個人指導を、というよくある風景。

正直、気乗りもしていなかったのですが、どうせ部長のオゴリだろうから、つき合ってておこうかと。しかし、フタを開けてみると……。

仕事に関係のないお説教や自慢話、さらに新入社員に会社のグチを言い放つ始末。

そして**最後に会計は割り勘という爆弾を落とされました**。

（おいおい、マジで……？）

声には出しませんが、あまりにもひどい出来事。


その後、いろんな上司に誘われることがありましたが、ほとんど割り勘です。

私が小さい頃に観たテレビドラマのイメージでは
「よーし、今日は俺のオゴリだー！　お前ら好きなだけ飲み食いしろ！」

と豪快に皆を引っ張っていくのが、部長でした。

あれれ？　おかしいよな、こんなの。あなたも一度はこんな経験ありますよね？

年収1000万円＝リッチ神話の崩壊

会社ではそんな上司連中なんかよりも年下で、私より3、4歳上の年もあまり変わらない先輩社員のほうが、ずっと気前よくオゴってくれました。不思議なことですけど、よく聞く話でもありますよね。

この理由は、後から聞いてわかりました。

結局、年収が1000万あっても、部長の家計には、余裕なんてなかった。

都心近郊に買ったマイホームのローン、教育費がかさむ大学生と高校生の子供を2人抱え、聞けば、奥さんも地元でパートをしているとのこと。

まがりなりにも出世競争を勝ち進み、社内では勝ち組エリートであるはずの部長職。だけどちっともリッチじゃない。

大企業で部長になれたとしても、全然生活はラクじゃない現実を知りました。

それ以来、**「年収1000万円＝リッチという神話」が、私の中でガラガラと音を**

たてて崩れました。それじゃあ、年収１０００万に届かない社員の生活はどんなだろう？

よく聞く日本のサラリーマンの平均年収は、４００万円と言われています。
そんなんじゃあ、全然、ダメ。
私の描いているような人生設計は実現しないんじゃないか！

昔と違って、**会社という働き場所には、平凡な夢すらも描けない**のが現実です。

「年収、年収って、人生における幸せはお金ばかりじゃないだろう？」
そんな反論が、あなたの中で湧き上がっているかもしれませんね。

でも、家庭を持って普通の生活も維持できないとしたら、幸せっていったいなんでしょうか？

◎奴隷社員への道

サラリーマンの給料。これは、私が会社で「頑張ろう」という気持ちを失った要因のひとつ。でも、言いたいのは、お金のことばかりでもないのです。

会社で働けば働くほど**不条理やおかしなところが目について**、会社をまるで信用できなくなってしまった。会社だけではありません。そこで働く社員にしてもそう。

会社には、よく考えるとおかしな点がいっぱいあるのに、社員のほとんどはその矛盾や不合理に文句も言わず、黙々と働き続けている。

言いたいことも言わず、自発的な意思を失って盲目的に働く社員たちは、私にとっては、**心をなくしたロボット**のように見えました。

「言いたいことも言えないこんな世の中じゃ……」

という人気ドラマの主題歌がありますが、会社という場所はまさにその象徴。

みんな周りの空気を読みながら、協調して生きることが美徳とされています。

ロボット社員量産システム

しかし、**思うことはきちんと主張しなければ、自分の希望は叶えられません。**

時にそれが衝突を生んだとしても、自分に正直に生きることで、開けてくる世界があります。

それは、私が今やっているビジネスでも基本姿勢として変わりありません。

お客さんに対しても、事業パートナーに対しても、取引先に対しても、思ったことは正直にはっきりと伝えます。

もちろん、悪口や批判が目的ではありません。

自分にとっても、相手にとっても「**こうすればさらに良いのでは？　もっとみんなハッピーだと思う**」という提言です。

夫婦でも親子でも友人でも、本音で語り合っているから深い絆が生まれる原理と同じだと思います。

だから、私にとっては、上司の前では言いたいことを我慢しているのに、居酒屋にいくと声高に、会社や上司の悪口、愚痴を言い出すサラリーマンの気持ちがわかりません。

飲み会で愚痴をこぼしても何も変わらないのに、どうして毎度同じことを繰り返しているのか。だから、そういう社員を見ているとロボットのように見えてしまうのです。

会社員って、昔からこうなのでしょうか？

それとも私の世代だけでしょうか？

マニュアルは悪魔の教典

よくよく考えてみると、新人として入社したときから、会社員の**ロボット・家畜化はスタート**しています。

あなたが新入社員のころ、最初にたくさんの業務マニュアルを渡されたと思います。

それにしたがってやれば、仕事ができるという必殺の虎の巻です。

会社では、多くの社員に一定のレベルで仕事をしてもらう必要があるので、業務マニュアルや社内ルールが「これでもかっ」というほどあります。

マニュアルをつくることが最重要の仕事と言っていいほど、マニュアルが溢れかえっています。

しかしこの膨大なマニュアル類こそが、社員を家畜に変えていく元凶なのです。

というのも、**マニュアルを忠実にこなすことが仕事の目標**になってしまい、本来達成すべき目的からどんどんズレているのです。

こんな本末転倒ともいえる事態が、会社のありとあらゆる所で起きています。

そう言われるとあなたも思い当たりませんか？

完全に形式化してしまい、儀式のようなマニュアルの数々。

利益を拒否する営業マニュアル

たとえば、会社の収益の重要な部分を担う営業部の活動マニュアル。

日本でも最大手の営業会社に勤めていた私の友人の話です。

ある商品のキャンペーンでAという商品を売る予算計画が組まれていました。

しかし彼の担当している企業に行ってヒアリングしてみると、どうもAの利用には適していなく、**Bという商品を入れたほうがよい**ことが分かりました。

商品Bは、お客さんにも満足されて次々と売上げがあがりました。相当な利益も出たので、友人は「これぞソリューションのビジネス」と大得意でした。

しかし、定例の営業会議で、**まさかの大目玉**を食らいます。

「勝手なことをして、なんのつもりだ？　誰がBを売れなんて言ったんだ？」

と、すごい剣幕で詰め寄られたのです。

会社には明らかに儲けが出ているので、**褒められると思っていた友人は呆然。**

長々と反省文を書かされ、朝礼で全社員の前で声を出して読まされることに。

さらに、その直後に**目の前でその原稿をビリビリ破かれた**という、聞くも涙の仕打ちを受けました。

実績・数字が評価されない世界

まったくおかしな話ですが、これは１００％実話。

キャンペーンの趣旨どおりに商品を売らなかったというだけで、このような罰を与えられたのです。大切なお客さんが満足してくれて、会社に利益をもたらし、すべてうまくいったはずなのに。

馬鹿げていると思うかもしれませんが、似たようなことはあなたの会社でも起こっています。**マニュアルやルールの決められた枠組みを少しでもはみ出すと、お叱りや、ひどいときには処分を受ける。**

会社の営業部門の目的は、会社の売上げを伸ばし、たくさんの利益をもたらすこと。営業のマニュアルや販売キャンペーンは、これを達成するためにあります。だから、収益が上がる方法が見つかったなら、行動してかまわないはず。

なのに、方法・過程であるはずのマニュアルやキャンペーンそのものが、いつの間にか目的になってしまうのが会社の不思議なところ。

単なる方法なのに、それを死守すべきものにしてしまうからおかしなことになる。

そうなると、営業マンは売上げを伸ばすよいアイデアや工夫を思いついても、リスクを考え出すようになって何にもできないですね。

「あー、それは無理。上にダメって言われるから」

あなたもこんな言葉を色々な場面で耳にしたことがあるはず。

こうして**会社の財産である社員が、だんだんとマニュアルの中でしか発想できない人間になっていく悲しい現実。**

こんな状況で、成果を出せというほうが無理というもの。

私自身は、それじゃあまりにつまらないので、なるべく抜け道を考えて行動していました。ちょっとくらいハミ出しても売上げが伸びるほうが自分がやっていて楽しいし、仕事をしている実感があったので、どうやったらマニュアルや社内ルールの網をかいくぐるか、そればかりを考えていました。

正直、**ルールを破るスレスレのところにしかオイしい利益はない**とすら思っています。

たとえばスポーツの世界では、サッカーでもテニスでもライン際の攻防が勝敗を分けますよね？

「ギリギリのところで大胆に勝負できる人間だけが、大きな成功を手にできる」

私はそう考えます。

ハンコ行列は続くよ、どこまでも

特に大企業であればあるほど、ひどいとは思いますが、どうして社内の意思決定があんなに遅いのでしょうか？

会社員なら誰もが味わうストレスですが、この遅すぎるスピード感により、本当に仕事に対する情熱を根こそぎ奪われます。

私の営業部時代の話です。

商品価格の値引きをしたい場合は、社内許可が要ります。承認願いの書類の上部には、印を押す欄が左から右までずらっと並んでいます。

承認印のルートは「直属の課長↓部長↓本部長↓事業部長↓役員↓社長」

いったい何人の手を経て承認がおりるのか？

これに数日を費やしている間に、取引先とのアポイントの日が来てしまいます。

商談の日なのに、持っていける見積書が出来上がらないという馬鹿らしさ。

提案のスピードが、こちらのやる気と熱意を示すことは間違いないのに。

こうして、たとえば9月に売りたい商品で8月には納品したいのに、社内での許可を待っているうちに売れるタイミングを逃してしまうのです。

当たり前ですが、ハンコ欄を全部埋めることが、仕事の目的ではありません。

途中の課長や部長印は、はっきり言って必要ない。価格変更の最終決裁権者の事業部長さえ承認してくれればイイんです。

「いっそ事業部長のハンコを偽造しようか？」と本気で何度も思いましたよ。

そもそも、多くの人の承認が必要な時点で、責任の所在が不明確になるのです。

「みんなで決めたことだから」と逃げられる仕組みにしておき、誰も責任をとらない。そんな責任逃ればかりをしていて、いったい何が生まれるのでしょうか？

時間泥棒の会議

これと同じ理由で、私は会社の「会議」もほとんど意味がないと思っています。

会議をしていろんな人の意見を聞いたところで、本当に革新的な決定などできるわけがありません。誰も意思決定に責任をとらないので、当たり障りのない、ありきたりな結論に落ち着きます。

意見交換で**発展的な議論になるのは、いいところ3人くらいまで**。

10人以上が同席する大企業の会議などは、一方的なトップダウン案件か報告会にしかなりません。

ここでも、方法にしか過ぎないものが目的化されています。

とにかく会議は「やればいい」とばかりに、**会議をしただけで仕事をした気になる**という利益に結びつかない愚かな行為がまかり通っています。

だから私は、当然のように会議もサボっていましたよ。

なるべくもっともらしい理由をつけて。

何しろ会議で良い発言をしても、それが実際に取り上げられ、発展することは、ほぼ皆無です。大多数の変化を望まない声に抹消されてしまいます。

いい意見はゴミ箱に

あなたの上司が、こんなことを言ってきても、真に受けてはダメです。

「いいアイデアや業務改善案があれば、どんどん言ってくれ」

風通しが良くて理解があるように聞こえますが、これほど中身の空っぽな言葉もありません。

入社1年目に直属の課長に「小玉、思ったことがあったらすぐにあげてくれ」と、言われました。

私はやる気になって残業をし、次の日に業務改善案を20ページものレポートにまとめて提出しました。業務フローで、本当に無駄だと思う点や、気になる点が山ほどあったので、一気にまとめてみたのです。

翌日、私の改善レポートを受け取った課長は中身に目を通そうともせず「おっ、ありがとう」とだけ言い、机の上の未決済書類を分類するケースに、無造作に放り込みました。

ケースに入ったまま、しばらくそのレポートは放置されていましたが、ある日その姿は消えていました。私は、いよいよ会社の上層部へ回ったんだと思い期待しましたが、それっきり何の返答もありませんでした。

「よい提案を出してくれ」という上司の言葉を真に受けて意見を出しても、多くの場合、**意見や提案が実際に会社を変えることはありません。**

なぜか？

上司は、ただのガス抜きのように「いい意見はないか」と部下に聞いているだけ。いわば上司の社交辞令。

では、なんでこんな無意味な質問を部下にするのか？

ヒラ社員の私にこれを聞いている課長は、さらに上の部長から同じことを言われています。「現場での意見を吸い上げてくれ」と。

そして部長は、本部長に同じことを言われています。そして、本部長は事業部長に。事業部長は、役員に。役員は社長に同じことを聞かれているという……。

笑い話みたいですが、ホントです。

直属の上司が、本気で業務改善に燃えているわけでは、99％ありません。

◎仕事が減れば、上司は嬉しい

上司が、部下に言いたい本音はひとつ。「仕事は増やすな」ということ。「余計な仕事はしなくていいから、与えられた仕事だけきっちりこなしてくればいいんだよ」という具合に。

中間管理職の彼ら自身が、自分の仕事で限界寸前。報告のための報告、仕事を進めるための仕事、無駄な作業が多すぎて膨大な業務に追われています。

つまり会社を改善するアイデアを進めるより、少しでも早く退社したいのです。下手すれば「このままあと5年、退職までなんとか乗り切って、その退職金で快適に暮らそう」などと考えているかもしれません。

そもそも「こうしたほうがいいのになぁ」ということは、仕事をしていれば誰でも思い当たるもの。でも、それを会社に提案したところで、自分の時間を奪われるうえに、上司も喜ばない。みんなが疲れるだけで終わるなら、誰が本気で、改善意見など発言しようと思います？

私以外の同僚も、それを察して本気で提言をする者はいなくなりました。
あなたも覚えておいてください。
「何かいい意見があれば出してくれ」と聞かれたときは
「はい、いま考えています」と答えるといい。
これが、社内の無風状態が維持され、自分も上司も疲れないベストアンサーです。

ただし、気をつけてください。

波風が立たないかわりに、会社の停滞と衰退が静かに進行していきます。

そしてあなたも、そのままでは思考停止のロボット社員になっていくだけで、いずれ会社と一緒に心中することになります。

そうならないためにも、あなたは**会社で使うことのないエネルギーを、自分の人生のために正しく使う**必要があるのです。

会社という負のスパイラル

あなたの周りにもいませんか？

「使えないなー。俺のほうがよっぽど仕事ができるじゃん！」と思うような上司。

日本の企業も能力主義、成果主義に変わりつつあるといいます。

でも、実際にそれが生かされている企業は、まだまだほんの一部。

特に歴史がある大企業では、どんなに実力があってスピード出世しても、入社年数や年齢による差を縮めることがとても困難。

10年くらいの年齢差があると、役職で追い越すことなど、まず無理。

そのくらい**年功序列はまだ重視されているし、大企業ほどその傾向は強い。**

私にはそれらが、既得権益層が定年までの逃げ切りを狙う組織構造にしか思えませんでした。人事制度を決めているのも、結局は会社の上層部の歳をとった役員たちなのですから。

これは、日本の政治・経済構造のひとつの縮図みたいなもの。

いま**美味しい利権を吸っている年寄り連中が、自分の都合の良いように制度や仕組みをコントロールしている**のです。

出世に膨大な年月をかける前に、時間は唯一、全ての人に平等に与えられているも

のだということをもう一度よく考えてみてください。

デキる奴から辞めていく会社の現実

それじゃあいつまでたっても20代～30代の若い世代が活躍できないですよね。だからやっぱり**頑張って成果を出したら、正当な報酬やポストを用意する**という仕組みに変えるべき。

「年上を敬う」という儒教的な価値観がまったく駄目とは言いません。ですが、能力のある社員を活かし、どんどん役職・権限を与えて活躍させないと、企業が強くならないし、成長が止まってしまうのは明らかです。

まして、経済がグローバル化して世界的な競争にさらされている今の労働環境で、能力を最大限に生かす人事登用をしないのは、**企業の未来にとってもすごく大きなリスク**だと考えられます。この部分は、第4章でまた詳しく話します。

とにかくその頃の私にとって大事だったのは、会社の命運でも日本の経済競争力でもなく、自分がどれだけ仕事で満足を得られるか。

自分はそこそこ能力が高いと勘違いしていた私は、成果をスピーディーに評価してくれない会社と年功序列制度を呪っていました。

デキる社員をどんどん評価しない弊害が、他にもあります。

それは、働き者も怠け者も差が出ないので、**もともとやる気のない社員が、自分の働きっぷりを「これでいいんだ」と思ってしまう**こと。

その結果、怠け者はますます怠けるようになり、働き者はバカらしくて仕事を懸命にやらなくなる負のスパイラルにおちいっていきます。

これのどこが、会社を成長させるのでしょう？

結局、前職でも、**能力のある社員から辞めていってしまう**ことが多かったです。

つまり彼らは、成果がきちんと反映され、よりよい報酬や待遇を受けられる所を求めて退職を決意する意思があり行動できる人々です。彼らがデキるのも頷けますよね。

あなたの本当の給料

実は、会社の給料について、私は大きな勘違いをしていました。

後でわかったのですが、一般的な企業の給与というのは、このくらい給料を渡せば、とりあえず明日からも働けるだろうという、**必要最低限の金額しか**与えないような仕組みになっています。

飢え死にせずに、なんとか生きていける程度の基準額を、年齢に応じて定めているだけ。これが会社の給与を決める考え方のベースです。労働によって会社に与えた利益に応じて決められているわけではありません。

だから違う部署の人間でも、同世代ならだいたい同じ給与なんですね。

そして、活躍する社員も使えない社員もほぼ一緒。

これって、まさに牧場で飼われている牛や馬と変わらないと思いませんか?

せいぜい、会社の業績が良いときは、少しご褒美で分配してやろうという程度。バケツのエサに、ニンジンを1本余分につけてあげようとか、そんなレベルです。

あなたが会社に貢献したところで、本当に一番儲けているのは誰か?

つまり会社の利益の大半は、株主へ還元されるか、経営陣や役員の報酬にあてられるか、会社内部にたんまりとストックされていきます。

だから、必要以上に能力を発揮して、頑張ってしまう社員は、確実に損をします。

自分が会社であげた収益の大小にかかわらず、必要最低限の給与しかもらえないのですから。それ以外のものは、会社に搾取されます。

仕事の成果に応じて支払われるなら、もっともらっていいはずですよね。

搾取されるあなたの労働

一人でビジネスを始めてからわかったことがあります。

例えば、私がネットショップをオープンしたとき、最初のサイト製作費にだいたい20万円くらいかけます。サイトのデザイン料が10万くらいで、あとの10万は、掲載する商品の一個一個の登録料などです。

これで毎月50万円の利益を出すショップができたとしたら、とても投資の回収効果がいいですよね？

初期費用20万はすぐに回収して、あとは利益がどんどん出ますから。

ホントのお店を出すなら、１０００万円くらい出店費用がかかるかもしれない。だからインターネットで商売をするのが美味しいのです。

さらに依頼したＷＥＢデザイナーさんから「代金が安すぎる」と文句を言われることもありません。相場に見合った作業費は支払っているのですから。

私は、こうした自分のビジネスを通して、会社の雇用とか人件費についても、気づかされたのです。

会社員の給与は「すごく買い叩かれている」という現実に。

月給30万円をもらっているあなたの仕事は、会社にはおそらく毎月３００万～４００万円の利益を会社にもたらしているのです。

会社員時代、よく上司に「自分の年収の倍から、６倍の利益を会社に与えるようじゃないと、会社は成り立たない」なんて言葉を聞かされました。

でも、そんなことはありません。給与の5倍も稼がなくても、あなたの給与は支払われます。放っておくと会社側は、なるべく人件費をかけないようにと考えます。

つまり、それだけあなたは会社に搾取されているということ。

さらにあなたの労働が与えた会社の利益においては、その一部が法人税として国家に収められます。

結局は、会社と国家のためにあなたは低賃金で働かされているのです。

こういう給与方式の会社が嫌なら、完全歩合制の営業会社に入るしかありません。そうでない普通の会社にいる限り「努力が報われない」「みんな横並びだ」と不平不満を言うこと自体が、今思えば間違いだったわけです。

環境が変えられないなら、自分が変わるしかない。

そう気づいて私は行動を起こしていきました。

運命をあきらめ、思考停止する社員たち

でも、最初のうち、私は不平不満のやり場がなく、信頼できる同僚や先輩に不満をぶちまけていました。しかし、その反応はどれも醒めたものばかり。

私に同調して一緒に怒るというよりは、すっかりあきらめている様子です。

「会社なんてそんなもんだろ。しかたないよ」と、私をなだめる人がほとんどでした。

会社という仕組みに、もはや幻滅しているのか、納得しているのか、まるで感情のないロボットのようです。

優秀な先輩社員でも、お酒を飲んで愚痴は言うけれど、具体的な行動はしない。それは、自分一人が行動したところで会社は何も変わらないとわかっているからです。

会社の矛盾にそれだけ気づいているのに、なんで何もしないのだろう？

今になってやっとわかりましたが、それは気づかないうちに深く静かに進行している会社の洗脳支配でした。

- **やる気があっても、発揮する場を与えられない。**
- **成果を残しても、報われない。**
- **企業が収益をあげるために、とるべき戦略をとらない。**
- **本来の目的を失い、はみ出すと罰を受けるマニュアル。**
- **頑張る人も、頑張らない人も待遇にはあまり差はない。**

こんな状態では、会社で頑張れば頑張るほど、エネルギーを消費するだけ。

努力して結果を出してもメリットがないなら、行動にもブレーキがかかり、良い仕事をしようという意欲も消え失せる。

何も考えない、工夫もしない……。

思考停止――。

サラリーマンに未来はない

悲しいことですが、これがほとんどのサラリーマンの実情です。

今いる会社を良くしようとも、自分の生活を良くしようとも思わなくなる。

ただただ当たり障りなく、現状維持。

長い年月をかけ、これが習慣となり、**恐怖のロボット社員**が量産されるのです。

実は、サラリーマンを長く続ければ続けるほど、こうした「マニュアル思考」「奴隷体質」「ロボット体質」から抜け出すことが、難しくなります。

もともと人間の脳は、現状維持が気持ちよく感じるようにできている。毎日同じことを繰り返していると、新しい挑戦や冒険は、怖くてできなくなってしまうのです。

脳の性質を利用するかのように、会社は次々とあなたに無意味な仕事やマニュアルを押し付けてきます。
マニュアルを使った指示・命令を徹底して奴隷のような社員を量産し、利益を搾取しようとする会社側と、その事実に気づいていても文句も言えず、思考停止をする社員達。

これがサラリーマンという洗脳支配の構図です。

私は、入社したとき「頑張って会社で成果を残せば、報われる。成果を残せば、役職が上がるし、するとまた給与が上がる」と信じていました。会社からもそう言われ続けてきたので、信じて頑張ってきました。

「頑張った努力は、報われる」

学校でも、会社でも、誰もがそう教わってきたはずです。
今の私ならこの言葉をつけ加えます。
「頑張った努力は、報われる。**ただし会社ではそれは微量過ぎて、また遅すぎて気づかないかもしれないよ**」と。
頑張るなら、あなたが幸せになる正しい方向に進まないといけません。間違った方向への頑張りは、むしろ悲劇を生みます。

あなたがもし幸せになりたいのであれば、会社で頑張ることはもう正解ではありません。ニューヨークへ行きたいのに、飛行機のチケットも買わず、いかだに乗って太平洋を漕いでいるようなものです。

◎人生において「遅すぎる」ということはない

自由に稼げるようになった今でこそ、はっきりと言えます。

「サラリーマンという人種は、檻の中で飼われた家畜のようなもので、どんどん会社の奴隷になっていきます」

そして、誤解をしないで聞いて欲しいのですが、今のあなたが、まさにそうである可能性が高い。

少なくともここまでを読んで思い当たることがいくつもあって、なんとなくこのままでいいのかな？　と考えていたのなら、今の自分の会社での日常や常識を疑ってみてください。

本当に今の働く環境や仕事に納得しているのか？

心から満足して安定と幸福を感じているのか？

あなたが子供の頃「こうだったらいいな」と思い描いた人生が実現していますか？

胸に手を当て、しっかりと自分に問いかけてください。


問題があっても、**自分で認識できないものは、変えられない**からです。

そして、もし「こんな働き方はおかしい」「今すぐ抜け出したい」と少しでも感じているのであれば、次章の私の体験を読んでください。

サラリーマンという矛盾だらけの労働スタイルに、心まで奪われては絶対にいけません。そして夢をあきらめる必要はまだ全然ない。そこから**抜け出す方法**はいくらでもあります。


人生をもっとエンジョイしたい。

給料日前に財布や通帳を気にしながら働くのは嫌だ。

大金持ちじゃなくてもいい。せめて少しは余裕のある生活をして、彼女の誕生日には好きなものを買ってあげたい……。

そんな思いをあきらめなかったおかげで、私は理想を手に入れることができました。

上がらない給料、頑張っても報われない仕組みに嫌気がさしているなら、私が会社から脱出した軌跡を読んで真似してください。私は全力であなたを応援します。

これから、私と一緒にあなたの本当の人生を取り戻すのです。

第1章のワーク

あなたが会社に勤めていて「ここがヘンだよ」と思っていることを書き出してみよう。

◎第1章まとめ

▶企業は優秀な社員であっても、いきなりクビを切る。当たり前だが、自社の利益を最優先するもの。あなたの身を守ってくれるために会社があるわけではない。

▶サラリーマンを辞めると「時間が自分の自由になる」。すると家族や本当に大事な人との時間を作れるようになり、人生と向き合える。

▶トップセールスで社長賞をもらうような優秀な社員でも、成果に見合った賞金や給与のアップは望めない。人事評価や出世に反映されるのはずっと後のこと。

▶大企業に入ったら勝ち組だというのは幻想。出世競争に勝ったはずの部長でもリッチではない。マイホームのローンや重い教育費にあえいでいるのが現実。

▶会社では、奇妙で異常なことが横行している。環境に適応できなくなった古代の恐竜のようにシステムが硬直化していて未来がない。社員には不合理で理不尽なことばかりが押し付けられる。

▶高齢化が進む日本では、年功序列により上が詰まっているから、昇進や出世は望めない。実力があっても相応しい役職や職権も与えられない。その結果、企業は弱体化している。

▶基本的に新しい意見は却下され抹消されるのが企業の宿命。なぜなら、上司も部下も無駄な仕事を増やしたくないから。意見の募集は「ガス抜き」に過ぎない。

▶増え過ぎた社内業務マニュアルが仕事を停滞させる。マニュアルから外れた社員はお叱りを受けるので、仕事の目的がマニュアルの遂行になり本質を見失う。

▶行き過ぎた「顧客志向」「お客様第一主義」が会社をダメにする。お客さんの全てを平等に扱う必要はない。自分が信頼できる人だけと仕事をする時代になる。

▶意思決定のスピードが遅すぎる。承認印の多い分だけ責任の所在も不明確になる。タイムリーな商品企画に1年もかけて、販売時期を逃すことは当たり前。

▶努力の成果が認められないので、ほとんどの社員は思考停止状態。無駄な摩擦を避けて黙々と従う会社の奴隷が量産される。会社はロボット社員の製造工場。

▶給与は、社員が餓死せず働き続けられる程度に与えられる。いくら利益に貢献しても対価はわずか。利益はほとんど会社に搾取されるので努力は無駄になる。

▶しかし、諦めることはない。家畜に等しいサラリーマンから脱出する方法はある。理想の生活を実現した私と一緒に、この本をきっかけに行動しよう。

第2章

ダメな自分にサヨナラする

誰にでも理想の生活が手に入る

あなたは、月曜の朝が好きですか?

こんなことを聞くと、「好きなわけないだろ!」と怒られそうですね。

もちろん、日曜の晩に仕事に行きたくてウキウキしている人もほぼいないかと思います。

サラリーマン時代の私も、週の始まりは大嫌い。

大企業の営業マン、マーケティング担当として勤めていた7年間、月曜の朝に明るい気分で出社したことなど、一度もありません。

満員電車にぎゅうぎゅうに詰め込まれ、窒息しそうになりながら、**奴隷のごとく憂鬱な気分で会社に行っていました。**

それにひきかえ、今の私は月曜の朝も火曜の朝も関係がない、自由なスタイルで生きています。休みたいときに休み、仕事をしたいときに仕事をして、誰にも文句を言われない。

ほぼ完全な時間の自由を手に入れることができました。

複数のビジネスにおいて、自動化された仕組みをうまく作っているので、自分が忙しく手をかけなくても収入が途絶えることはないのです。

そうすると、一日のうちで自分が本当にやりたいことを優先できます。

先日生まれたばかりの息子は、今、夜泣きが激しい時期。だから私は、夜中でも妻と一緒に起きて、子をあやすことができます。

赤ちゃんを安らかに眠らせるありとあらゆる方法をマスターし、**一流のベビーシッターにすらなれそうな育児パパぶりです。**

おかげで妻の寝不足もひどくはならず、産後のマタニティーブルーも少なくて済んでいます。

こんなことができるのも、朝早くに起きて会社通勤をしなくていいから。

普通のサラリーマンなら、毎晩こんなことをしていたら、それは眠くて仕事にならないでしょう。

まだ始まったばかりですが、育児ってすごく面白い。

パパになったら、たっぷりと子育てに参加するのが、私の夢でした。
この夢を実現してくれたのが、私がみつけた、インターネットを使ったビジネスの世界だったのです。

今でこそ理想の生活を実現した私ですが、たった3年前までは、今のあなたよりも数倍も金銭的に「痛い」生活を送っていました。そんな情けないサラリーマンだった私が、人生を変えることができたのは、会社に蔓延する雰囲気に流されず、自分の感覚を信じたからです。会社への疑問や不満を解消するために、外の世界に目を向けたからです。
あなたも、まずはこの本で今の価値観や行動パターンを手放してみてください。今のままでは、今の延長の生活しか待っていません。

それでは、3年前の私に時間を戻しましょう。

デキる社員でもつき合いの悪いヤツ

表向きは「デキる社員」を演じていても会社への失望と不信で、心の中はすっかり冷え切っていました。かといって、まわりの社員のように仲良くつるんで会社生活をエンジョイすることなんかできない。不合理なことや正しくても通らないことがあると、適当にお茶を濁すことができない私は、上司や先輩でも平気で衝突していました。

また、**社員が馴れ合うだけの飲み会は、ほとんど意味がないと信じていた**ので、相変わらず顔を出さない。「つき合いの悪いヤツ」ということで、会社では完全に浮いた存在だったかもしれません。

でも、私は仕事の内容以外の評判は、まったく気にしていませんでした。

会社の雰囲気に染まって上手に世渡りした結果の出世なんて、なんにもイイことなんかない。

あなたも、会社で必要以上に同僚と仲良くする必要なんてないんですよ。

会社での交流なんて、そもそも会社の中でしか役立たない。

みんなが仲良くするのは、仕事の内容に自信がないから、せめて人間関係だけでも良くして本来の問題点をごまかそうとしているのです。つまり、不健全な依存関係。

はっきり断言できますが、あなたが転職したり、退職したあともビジネスの相談ができる人脈なんて、今の会社にはほとんどないと言っていいです。

お金がないっ

そんなことよりも、当時の私を悩ませていた重大な問題は、

「お金が足りない！」ということでした。

東京で男子が一人暮らしをするのは、お金がかかるもの。

20代独身の私の手取り収入は20万くらい。ここから、家賃、食費、携帯電話代、被服費、クリーニング代など、こまごま掛かるものを払っていくと、どんどん給料は減っていきます。

会社は品川にあるので、ランチを食べるだけでも毎日1000円はかかる。

スーツやYシャツだって、自分で買わないといけない。

それらのどうしても掛かる出費をまかなったうえで、休みに彼女と遊んだり、趣味

の楽器などをやっていると、ホントにお金は残らないんです。決まって**給料日前には口座残高が1万円**を切っていました。

これじゃ、貯金もできないし、まとまった買い物なんて無理。

まわりの同僚を見ても似たり寄ったりでした。中にはせっせと貯金している社員もいましたが、たいていは実家暮らしの人間。

いつしか私は、毎月の給与をオーバーした出費分は、クレジットカードで払うようになりました。買い物も飲食代もカード払い。

よく言われることですが、カードでの支払いはお金を払っていることに無自覚になります。気づかないうちにどんどん利用額が増えていく。

翌月払いだと、次の給料が消えているなんてことも。

というわけで、だんだん、ボーナス一括払いが選択されるようになりました。

そうなると、半年に一度、7月や12月に来る支払い明細を見て、自分でもびっくり。楽しみなはずのボーナス支給額が、目を疑うほど、最初から減っている。

「俺、こんなに使ったっけ?」と、青ざめて何度も明細を確認しました。

いったんそうなると、金銭感覚や習慣というのはなかなか直らないもの。毎月の生活費が底を突き、携帯電話さえも止まるような事態まで状況は悪化。

そのときは、カード現金化作戦まで遂行し、なんとか現金を生み出しました。

これは何かというと、普段はあまり好きではない飲み会の幹事を引き受けるという**究極の荒ワザ**です。

会の参加者からは、普通に現金で会費を集めておいて、会計は自分のカードで支払う。こうすると、当面使えるまとまった現金が手元にできます。

◎クレジットカード地獄

「俺、これでもいちおう大企業のサラリーマンなんだよなぁ……」

ぶつぶつとグチをつぶやきながらも、苦しい生活費の資金繰りが続きました。

毎月足りない生活費はカードで何とか切り抜け、自転車操業を繰り返し、はみ出た支払いを夏・冬のボーナスで払うというサイクル。

本当にカードがなかったらやっていけない危ない金銭感覚。**彼女に小さなプレゼントを買うことすらままならないダメ男ぶり**。

おそらく堅実な生活や節約の苦手なタイプなのかもしれません。

かといって、それほど派手に遊んでいたという自覚もないのです。自分が思い描く20代のサラリーマン生活を東京でやっていたら、結果的に全然お金が足りなかったのです。唯一の救いは会社の業績が良くて、ボーナスがちゃんと出ていたこと。

「お金がもっと欲しい！」

そんな悲鳴にも似た願望を何とかしようと私は、会社以外で収入を得ることを考え始めました。会社が、頑張った成果を給与に反映してくれないなら、自分でなんとかするしかない。そんなシンプルな発想。他に深い考えはありませんでした。

誰もが一度は考えつくことかと思います。

ですが、それが結果的に私を予想もしない方向へと導いてくれました。

副業で始めたビジネスで、あれよあれよという間に成功し、**わずか2年ほどで、1億円以上を稼いでしまったのです。**

この結果は、自分でも予想外。

最初は、もっと自由に使える小遣いが欲しかっただけ。

そしてクレジットカード地獄から卒業したかっただけ。

正直、今のあなたよりもずっと情けない金銭状況だったと思います。

そんな私でも、すごくカンタンなところから始めて、会社の仕事をしながらでも、こんな規模まで稼げたんです。

すごく夢のある話だとは思いませんか？


頑張っても報われることがない会社内で願望をあきらめたのは、私もまわりの社員と同じです。みんなと少しだけ違っていたのは、会社と違う場所で私がそれを手に入れようと実際に行動を起こしたことなのです。

お金欲しさに彼女に土下座

しかし、そんな私も、最初は間違った方向へ走りました。

お金儲けだけを考え、安易に株式投資に手を出したのです。

もちろん資産運用などを考えた長期投資ではありません。

一攫千金《いっかく》を狙ってデイトレードなどの短期売買を繰り返す、投機的な手法。

その頃、日経平均が2万円行くかどうか、というときで、雑誌「BIG tomorrow」

とか「SPA!」などで毎号のようにこうした株式投資の特集をやっていました。**学生ながら株で3億稼いだ三村雄太さん**などの記事に踊らされ、まんまと乗せられたというわけです。

「これなら俺にもできそうじゃん！」

と、私は興奮し、まったく根拠のない自信をもって株の世界に飛びこみました。いま振り返ると、本当に危なっかしい。でも、夢を見てしまったんですね。株の本を20冊ほど買い1週間で読破。チャート分析や財務諸表の読み方など、徹底的に研究しまくりました。

凝り出すと、できない、分からないというのが嫌で、とことん調べないと気持ち悪くなってしまうのが私の性格です。

もともと所有していた自社株が安定して上がっており、相当な含み益を出していました。入社時に700円だったものが、3000円くらいまで跳ね上がった。それをほぼ最高値で売った自分は、天才的だと思いました。

けれど、うまくいったのはそれまで。その売却益100万円ほどで新興株などをさんざん取引しましたが、損失ばかり。ボーナスの残金や、定期預金を解約したお金もつぎ込みましたが、どうにも稼げず、とうとう有り金を全部なくしてしまいました。

最後のあがきとばかりに、なんと、**つきあっていた彼女に借金のお願い**までする始末。**ホントのクズ**ですよね。

「頼む！　最後の勝負をさせてくれ！」

「えー！　大丈夫？」

彼女は渋りましたが

「今度は絶対に儲けるから！」

と、土下座をしてまで説得し、30万円を借りました。

完全に頭が熱くなっていました。相場で失敗する人の、もっとも多いパターンです。システマティックな手法でクールに勝っていくつもりが、まるでギャンブルでもやるように、どんどん感情的になってしまったのです。まったく、最低な自分でした。

人生最大の敗北

とどめを刺されたのは、2007年のサブプライム・ローンを発端とした世界同時株安。ライブドア・ショックの後に起きたんです。

凝り性の私は、当時、毎晩寝る前にニューヨークやシカゴの日経平均先物を見ていました。この日は、いつもと違い尋常じゃないくらいの下がり方をしていたので、これはやばい！　と感じたのと同時に、眠れなくなりました。

朝、トレードの画面を見たら全然寄り付かない。何にも手につかないので**「風邪をひいた」と嘘をついて、会社を休みました。**

布団に入ったまま、じっとパソコン画面を見ていたら、すごい勢いでどんどん下がっていて、ストップ安で張り付いている。信用取引なので、「証拠金を入れて下さい」というメールが矢のように入る。

でも、私にはもはや為す術《すべ》もない。その日は結局寄り付かず、売ることもできずに、パソコンの前で呆然《ぼうぜん》と過ごしました。

翌日ようやく寄り付いたので、やっと売ることができました。

ここまで、**トータル300万円の損失。**

「もう、やめよう。退場だ……」

私にとっては、唯一にして人生最大の敗北を味わった瞬間です。

ただでさえお金が足りないのに、なけなしの自社株の利益やボーナスを、すべて失ってしまうとは。

「なんてお金のセンスがないんだろう?」と自分を呪いました。

私の言葉を信じて貸してくれた彼女には、なんて言えばよいのか……。

学生にまじって居酒屋でアルバイト

株で大打撃を受けて意気消沈した私でしたが、いつまでも落ち込んではいられません。というより、やってしまったことは仕方がない。

ひと晩寝て頭を冷やし、今後のことをできるだけ落ち着いて考えました。

まずは、彼女にお金を返さなきゃ。

でも、まったく蓄えがなくて、今は会社の給与しか収入がないのです。

さらにタイミングが悪いことに、この頃、営業職から一時的に内勤に異動になって、営業手当の55000円が給与につかなくなりました。

なんというピンチ。

これではいつまでたっても借金を返せないと思った私は、とりあえず**居酒屋でアル**

バイトを始めることにしました。

「株で一攫千金！」からずいぶん**地道な方向転換**です。

ただ、彼女の手前、私は誠意を見せないといけなかった。

残業が多かった営業職から内勤になったので、時間は作ることができました。

ほぼ定時に会社を出て、その後、夜8時くらいから深夜1時くらいまで、大学生にまじって酔っ払い客相手の接客業。

天下の東証一部上場企業のサラリーマンが、まさかの居酒屋アルバイトです。私は若く見えるので、まわりも会社員が働いているとは思っていなかったのでしょう。居酒屋で働く年下の大学生から

「小玉ってどこ大学？」なんてタメ口をきかれていました。

もちろん、適当に答えていましたが……。

会社では、内勤の仕事が営業数字の管理くらいでまったく面白くなかった。

だから私は、**「会社も一種のバイト」**だと考えるようにして、割りきってやろうと意識をリセット。7.5時間を会社に捧げる代わりに、お金をもらうのだ、と。

サービス残業をするより、アルバイトのほうが現金になるので、時間以上は絶対に働かない。その代わり、就業時間内の仕事は全力投球するのです。

昼と夜の2つのバイトを黙々とこなし、とにかく現金を稼ぐつもりでした。

もちろん、そんな生活をいつまでも続けるつもりではありませんでした。彼女へ借金を返せるメドが立ってくると、この先どうしようかと、他にお金を稼ぐ手段を本気で考え始めたのです。

今思えば、株の短期投資なんて、そうそう成功するわけがない。

市況や経済指標など外部要因による不確定要素が多すぎて、自分でコントロールできることがあまりにも少な過ぎる。

そもそも、証券会社やプロのトレーダーだって勝ち続けることは至難といわれます。

素人がちょっとかじった程度の勉強で少ない資金をかけたところで、大きな市場のエサになってしまうのがオチなのです。

お金を生むきっかけは趣味

株式投資は、ダメだ。危険すぎる。

もっと自分でコントロールできて、不安定な要因のない、確実な稼ぎ方はないのか？　そんな稼ぎ方を求めていた私の目に留まったのが、やはり雑誌に出ていたオークションビジネスの記事。

まるで冴えない感じの無精ひげの兄ちゃんが、ヤフーオークションでひと月100万円も稼いでいるという。

「これだ！」ピンときました。

経済情勢がどうとか、企業の業績がどうとか、難しいことから始めるからいけないんだ。簡単そうなことからやろう。

さっそくオークションを始めようとした私ですが、売るものも仕入れるお金もない。まずは試しに、身の回りの要らないものを売ることにしました。

最初に売ったのはエレキギターのエフェクター。大学から続けていたバンド活動で、使わなくなったエフェクターが押入れにけっこう積んでありました。

ヤフオクで物を買ったことはありましたが、売るのは初めて。

こんなのが売れるかな……と半信半疑で出品してみると、見事に数日で落札。あっさりと買い手がつきました。

「へー、こんなものでも売れるんだ……」と妙に嬉しかったのを覚えています。

確か、もともと3500円くらいで買ったものだったのですが、ヤフオクで6000円くらいで売れました。単純な価格差で、2500円くらいの小さな利益。

でも、居酒屋で2時間半ほど汗をかいて得るバイト代と同じ金額だと考えたら、私にとっては、すごく効率の良い稼ぎに感じました。

しかも、自分にはもう使う予定のない不要品ですから、6000円はそのまま儲けた感じ。そのまま捨てればゴミになるものが現金に変わるなんて、**まさに現代の錬金術！**とワケもなく興奮しました。

気を良くした私は、部屋にあったエフェクターを次々と出品。ほとんどが、数日で落札。なかには、1個で5000円の利益になったものもありました。

「これは、稼げるかも！」

私は自宅の不要品を売り切ってしまうと、今度は色々と売れるものを探して、仕入れを始めました。

　またまた凝り性の性格を発揮して、ヤフオクで稼いでいる人のブログやメルマガなどを貪《むさぼ》るように読み始め知識を吸収していきました。実際に少額でも稼ぐと、興味や関心がぐっと高まります。そのやる気が熱いうちにすぐに行動をするのです。するとスポンジに水が染み込むように自分に身についていく。そういった状態を意識的につくることが成長のスピードを早めるコツです。

まさに即金ビジネス

　オークションは、売った代金がすぐに入金されるのが魅力。私は、そのお金を好きなことに使いたい誘惑をなるべく抑えて、商品の仕入れという形で投資をするようにしていきました。この思考が重要です。

　利益が出る商品のリサーチは意外と簡単。

　売れている商品を調べて、同じものが安く仕入れられないかを探すだけです。

　最初は、仕入れ先も同じヤフオク。

　ヤフオクでブランド品を落札して、それをヤフオクに出品。バカみたいな話に聞こえるかもしれませんが、これで本当に稼ぐことができます。

5900円で仕入れたルイ・ヴィトンの財布が12600円で落札。

3100円で仕入れたルイ・ヴィトンの財布が19050円で落札。

5600円で仕入れたシャネルの財布が12500円で落札。


「こんな効率の良い稼ぎ方があったのか！」

私は、初めてのオモチャを与えられた子供のようにはしゃいでいました。

これなら、バイト以上に稼ぐことができる。

そう思って、許す限り多くの商品を仕入れては、出品していきました。


ヤフオクで稼ぐコツは、いかに安く仕入れて、いかに高く販売するか。

そのためのちょっとしたテクニックを覚えては実行しました。

たまたま入札者同士が競るようになると、一品あたりの利益額が数万円になることも。

人はどうしても欲しい商品がみつかると、値段があってないような感覚になります。

こうしたお客さんの購買心理が直に垣間見えるのも、ヤフオクが面白かった理由です。法人営業では、なかなかお客さんと直接触れる機会がないですからね。

毎晩、帰宅後は夢中になって落札と出品を繰り返し、**ヤフオクを開始して初月には9万6157円、翌月には12万9370円を稼ぐことができました。**

「おおおーーー」

私は落札者からの振込みがあった通帳を眺めながら、一人で盛り上がっていました。

サラリーマンが、今よりちょっと多く小遣いが欲しいという程度なら、これで十分じゃないですか？

あなたも、今の給与にプラス10万円あったら、人生が豊かになりますよね？

誰かのために稼ぐ

ヤフオクの稼ぎ方を覚え始めた頃、こんなことがありました。

オークションに夢中になっていた私は、彼女の誕生日が目前に近づいていることを完全に忘れていたのです。

「しまった。プレゼントを買うお金がまったくない！」

まだその頃、カードで生活費をまかなう生活が続いていたので、彼女に正直にお金

がないことを告白しました。すると彼女は、

「お金がないの知ってるから、別に要らないよ」と。

その優しすぎる言葉が、私にはかえって辛かった。

なんて、情けない男なんだ、俺は……。


私は奮起して、覚えたばかりの方法を徹底的に繰り返しました。

中古品のヴィトンを仕入れ、それを出品するというものです。一個あたりの利益は数千円ですから、数を大量にこなすしかない。

とにかくまとまったお金をつくりたかったので、利益が薄くても仕入れました。

同時に、関東圏内の中古ブランド店の処分コーナーやリサイクルショップもしらみつぶしに回って、利益が出そうなものを仕入れていきました。

家では**毎晩3時間睡眠でヤフオクの落札・出品・発送の繰り返し。**

こうして、なんとか**短期間で10万円を作った**のです。

彼女の当時使っていた財布は、10年近く前に買ったというボロボロのヴィトン。

そこで私は、稼いだ10万円を握りしめて新宿のルイ・ヴィトンへ行きました。

購入したのは、真っ白なルイ・ヴィトン「スハリ」の長財布。

ヤフオクでたくさんのヴィトンを扱っていた私ですが、実は正規店で買い物をしたのはそれが初めて。リサイクルの中古品とは、買うときの気分がまったく違いました。当たり前ですよね。

そして、何も事情を知らない彼女に、サプライズでプレゼントしたんです。

「嘘！　なに？　これ、ヴィトン……」

そのときの彼女の喜びようと言ったら！

たった3年前ですが、忘れられない懐かしい思い出です。

それがもちろん、今の私の妻なのです。

商売の基本を知る

ヤフオクという仕組みにビジネスの大きな可能性を感じて、その後の私はどんどんビジネスを拡大していきます。

ヤフオクでの仕入れに限界を感じ、リサイクルショップ同士が集まる**「古物市場」**という場所に出かけて、ブランド品をより安く仕入れる工夫を始めます。

私はその古物市場から10万円分の商品を仕入れ、それを30万円の売上げにすることに成功。またしても稼ぎの額が増えて大喜び。20万の利益は、会社のトップセールスでいただいた賞金を遥かに超えています。

私の熱の入れようも理解できますよね？

次に私は、イーベイという海外のネットオークションの存在を知ります。

ここで商品を仕入れ、ヤフオクで販売するようになってから、さらに売上げは爆発。

イーベイには国内で手に入らない海外製品などがたくさん扱われています。

欲しくても日本では手に入らない品だから、当然売れるのです。

また日本で手に入るものでも、海外で仕入れたほうが安い品はたくさんあります。

日本での販売価格より安ければすぐに売れて、そこで差額の利益をとることができます。

「海外から仕入れるなんて、難しくないの？」

手伝っていた彼女からもそんな質問を受けました。ですが、今はインターネット上に、翻訳サイトを含めて便利なサービスが色々あるので、中学生レベルの英語力で何の問題もありません。言葉の問題は、全然壁にはなりません。

なにしろ、先にやっている方達のブログやメルマガの記事を読む限り英語力が必要なんてことはどこにも書いていなかったのです。基本的に他の人ができていることなら、自分にもできないはずがないと考えるのです。壁と感じることや、行動を妨げている障害は、ちっぽけなものであることが多いのです。

深夜の共同作業

このイーベイ仕入れで、かなりの種類の商品を扱いました。

万年筆・アンティーク陶器・クラシックカメラ・カメラ用品・ダンヒルのパイプ・マイセンのカップセット・ロイヤルコペンハーゲンのイヤープレート・オーディオ機器・レコード・海外携帯電話・アパレル商品……。

イーベイで調べれば調べるほど儲かる商品が見つかり、私にとっては、まさに宝の山でした。


すでに同棲していた彼女には、発送や梱包などを手伝ってもらっていました。

扱う商品が増えて、発送品を手持ちで運べなくなったので、台車を購入。夜な夜な、彼女と2人でコンビニに搬入作業をしてました。

夜中に男女2人で台車をゴロゴロ転がす風景は、傍《はた》からみるとかなり妙なカップルだったと思います。

でも彼女には、2人で小さな商店をやっている気分だったみたいで、結構楽しんでくれていたようです。

思えばこれが、2人の共同作業の始まりだったんですね。


今思っても、やはりこの「仕入れて売る」という転売のビジネスは、**非常に簡単**です。**頭をほとんど使わず、利益が出る商品をリサーチするだけ**なので、一定の時間をかければ、誰でも稼げるようになるのです。最初のビジネスにこれほど適したものはありません。たとえ全然関係のないように思えることでも、日常生活から意識的にリサーチすることを心がけましょう。あなただけが扱える商品が見つかるかもしれません。

マニアの気持ちをくすぐれ

ヤフオクでは、利益が見込めそうな商品であれば、区別なく何でも扱いました。

その中でも、ある西欧のブランド陶器製品は、とても私を稼がせてくれたもののひとつです。

たまたま廃番になった作品を見つけたので「希少価値があるかも？」と、1万円くらいで仕入れてみると、なんと4万円で落札。仕入れ額のなんと4倍です。

「これはオイしい！」

私はそれから、ここの製品を集中的に取り扱うようになりました。

あるときは、ヤフオクで10万円で落札されている作品が3万円強で手に入りました。これほど安定的に利益が出る商品は初めて。

そこで、ふと閃《ひらめ》いたんです。

「ネットショップを開こう」

問屋とのつながりもできたし、日本での需要もあることがわかったので、ヤフオクではなく専用の販売サイトをつくろう。そしてこのブランド陶器のファンを一気に自分のお客さんにしてしまおう、と考えたのです。

市場には必ず時代に合ったこういったことがある。だから高くアンテナを張りながらもチャンスがあれば飛び込める準備をしておくことが大切です。

ちなみにその頃、会社での私は、退屈な内勤をようやく離れて、再び営業職に復帰していました。転売ビジネスがどんどん忙しくなっているのに、会社も再び残業が増え始めます。

このときに担当した企業があのAmazon。インターネットで物を売ることにかけては、先駆者でもある外資系の企業です。ネット物販について、会社の仕事をしながら勉強できたのは、すごくラッキーな環境でした。

実はこれも考え方の問題で、**あなたにとってプラスな環境があることに気づいていないだけかもしれません。**会社とプライベートを切り分けて考えるのではなく、両方に関連性をもたせて思考することで、互いに良い影響を与えあうようになると色々な発見があります。

ネットショップで月商300万円

陶器のネットショップは、最初こそなかなかお客さんが集まらなかったものの、次第にファンにサイトの存在が知られるようになり、安定して売れるようになっていきました。

インターネットでは**日本全国からお客さんを集められる**ので、ファンが少数しかいない商品でも、十分にショップが成り立ちます。

もともと開業費用がサイトの製作費くらいですから、すぐに元がとれて、あとは売れれば売れるほど利益が出るんです。

また、自分のネットショップを持つと、ヤフオクよりも買ってくれるお客さんの「顔」が見えるようになります。固定のお得意さんができるので、色々とコミュニケーションが起こります。

陶器ショップでは、**いつも北海道から注文をしてくれる女性**の方がいました

「今度は、こういう商品が欲しいんだけど、いいのある?」

と直接電話をかけてきてリクエストをくれたりするので、私もお店をやっているという実感が湧きますし、人は誰かの希望に応えたくなるものです。

なるべく要望にあった商品をヨーロッパの問屋さんから仕入れ、そこに利ザヤを乗せて販売。こういう方は、何度も買ってくれる大事なリピート客です。

私はその後、これ以外にも売れ筋の商品をみつけては、ネットショップをひとつ、ふたつと増やしていきました。

ちなみに、ネットショップのオーナーになると、なんとなく気分が違います。収入が増えるのはもちろん嬉しいのですが、なんとなく自尊心が高くなる。

人に伝えるときも「ヤフオクをやっている」というのと「ネットショップをやっている」というのでは、格好良さが全然違いますね。

それまでの「ネットでお小遣いを稼ぐ」という感覚から、だいぶ「ビジネスをやっている」という意識が強くなってきました。マーケティングやセールスについて考え始めるからです。この意識の変革こそがビジネスをやっていく上で非常に重要になりますので覚えておいてください。

こうして、11月に**最初のネットショップをオープンしてから5ヶ月、翌年の3月には月商300万円を売り上げ、利益額もついに100万円を超えたのです。**

経験に勝る知識はないということ。また経験はお金では買えません。

会社で働くしか食いぶちを稼ぐ方法はないとあなたが思っているなら、それは幻想です。私の場合、むしろインターネットを使ったビジネスのほうが、ずっとたくさん稼げました。

サラリーマンという働き方に疑問を持ったら、次は外の世界に目を向けてみましょう。そうすれば新しい稼ぎ方やビジネスがあることを知ることができる。

私の体験談はその稼ぐための一例に過ぎません。

メルマガで情報をお金にかえる

ネットショップで安定して売り上げるようになってから、次に私はブログやメールマガジンで情報発信を始めました。

「ん？　いきなりメルマガ？　メルマガで輸入品を売るの？」

と思ってしまったかもしれませんが、そうじゃないんです。

自分がオークションやネットショップをやっている間に、気づいたことがあります。世の中には、こうしたネットでできる副業や、転売ビジネスの情報を求めている方がすごく多いということです。

私は、ここまでこのビジネスを進めるのに、困ったことはほとんどインターネット上から解決策を手に入れていました。

本や雑誌では、こうした情報は本当に少ないのですが、ネットには、すでにヤフオクやネットショップの運営で成功している方がたくさんいて、ブログやメルマガでその体験を発信してくれています。

ヤフオクで売るためのテクニック、売れる商品を見つける方法、ネットショップの開き方など。無料、有料を問わず、私は、彼らの情報を学んでそれを実践に移すことで、ここまで稼ぐことができたのです。

つまり「ネットで稼ぐ方法は、ネットで聞け」ということです。

「だったら、私も自分の情報をどんどん教えてあげたら、喜んでもらえるんじゃないのか？」と、素朴な疑問を抱きました。そして、私が稼いできたやり方は、他の方も絶対に知りたいに違いないと直感したのです。

そこで、この情報を多くの人に届けるため、メルマガを発行し始めました。メルマガは、配信スタンドというところを使えば、簡単に始めることができます。

さらに、読者を増やすために、無料レポートというものを作って、配布しました。

私がヤフオクやショップで月に１００万円を稼ぐようになった軌跡を、まとめてレポートに記したのです。こういったノウハウやレポートを、情報が欲しい方に無料で配布できる仕組みが、ネット上にはあります（詳しくは第3章で）。

予想は的中し、私の書いた情報は多くの人に喜んでもらえました。

・仕事をしながら、副業で成功していること。
・短期間で、月に100万円以上稼ぐようになったこと。

このことが注目を浴びて、メルマガの読者はどんどん増えていきました。

メルマガで「**稼ぎ方を教えます**」と言っているのですから、仕事をしながら少しでも稼ぎたいと思っている人は、とても気になりますよね。

こうして私は、ヤフオク販売者、ネットショップオーナーというだけでなく、「**副業ビジネスで成功した人」という、情報の発信者としての顔**も持つようになりました。

言い方を替えれば学びたい人にとっての「先生」的な存在になるということ。

先生というと敷居が高く感じますが、私はあまり抵抗なくこのステップに進んでいけました。すでにオークションやネットショップへの挑戦に成功し、自分のリミッター（限界値）を越える体験をしていたからだと思うのです。

紹介するだけで、お金になる？

メルマガやブログを書くのは、私にはすごく楽しい作業でした。

読者の方が、私の書いたひと言や文章に、色々な反応をしてくれるのが嬉しくてしようがない。また情報の送り手というものが、すごく影響力があることがわかりました。

例えば、メルマガで「この商品はいいよ」と軽く紹介するだけで、すごい数のアクセスがその商品に集まるのです。

それは、私が自分で仕入れたものではないのです。化粧品、サプリ、ツールなど、なんでも紹介するだけで、けっこうな数が売れました。

物品だけではありません。本や電子書籍などのいわゆるコンテンツ情報も同様です。私が「これは、参考になったよ！」とメルマガに書くと、読者の方はこぞって飛びついてくれるのです。

「言葉やメッセージの力」の偉大さを、メルマガで実感しました。

ここで私はこの影響力を活かした**「紹介して報酬をもらう」というビジネスモデル**を知ることになります。

自分で扱う商品を売るだけでなく、他人様の商品を紹介するビジネス形態が、とても儲かることに気づいたのです。

紹介して報酬が得られるビジネスのメリットは、商品を自分で仕入れなくてよいというところです。つまり、在庫管理もないし、発送も自分でやらなくて済むということ。またクレーム発生などの手間もないので、イイことだらけ。

今あげた作業は、すべて紹介される側＝つまり販売者のやる仕事なので、こちらは本当に情報を紹介するだけ。**面倒なことはいっさいやらなくていい。**非常に身軽で、リスクの少ない省力ビジネスなのです。

私は、「これこそ、仕事をしながらのビジネスにぴったりだ！」と思いました。

なぜなら、今までにやったどの商売よりも、手間がかからず、時間効率が良いのです。

画期的な稼ぎ方にたどり着いた私は、感動を覚えていました。

◎ネットの世界こそ実力主義

ネットの情報伝達力は、レバレッジ（てこの原理）がかかると、すさまじいものがあります。私のメルマガ、ブログは、色々な媒体で紹介され、ぐんぐん読者数を増やしていきました。

私は、メルマガ上で、自分の今までやってきたことを惜しげもなくオープンに語ってしまうで、多くの読者にはそれがまたウケたみたいです。

メルマガには、返信でいつも読者からの質問や問い合わせが入っていました。

なかには、**「セミナーを開いて、じっくり教えてくれ」**とか**「お金を払うから個人コンサルをやってくれ」**という依頼もありました。

ネットの世界は、会社とは違って完全に実力主義。稼いでいる人に注目、アクセスが集まります。ビジネスを始めて3ヶ月だろうと半年だろうと、結果をきちんと残していれば、これから始める人にとっては先生であり、眩しい存在なのです。それが、その後の私のビジネス規模をさらに加速させることになりました。

この部分は、次章の**「誰でもできる! 理想の人生を手に入れるゴールデンルール」**で、分かりやすくご説明します。

メルマガで紹介ビジネスを取り入れてからというもの、収入はさらに快調そのもの。右肩上がりの直線というよりは、二次曲線を描いて急上昇です。「ネットを使ってお金を稼ごう!」と思いついてから、一年しないうちに、私は月に数百万を稼ぐようになっていました。

正直言って、ここまでできるとは自分でも予想はしておらず。思い描いたように自分自身で稼げる面白さと、情報発信の楽しさの相乗効果が生み出した一本の道を、夢中で突っ走ってきたというのが偽らざる本音です。

それが、後で思わぬ事件を引き起こすことになるのですが……

深夜に給料の10倍稼ぐサラリーマン

そんなに稼いでいて、いったい会社の仕事はどうなってたの？

そんな質問が来そうですね。

例の Amazon を相手に75億の売上げを立て、社長賞をもらったあと、人気部署であるマーケティング部に移籍しました。トップセールスを上げて目立っていたので、引っ張られたのです。

営業をする前に、戦略を立てるのがマーケティング部の仕事。モノを売るためにあれこれ考えたり工夫したりすることは基本的に好きなので、この部署ではかなり楽しんで仕事をしながらマーケティングの知識も蓄えることができました。

でも、肉体的にはこの頃が最もキツかった。

昼はマーケティング部の仕事をこなし、辛うじて優秀社員の面目を維持。夜は自宅でみっちりPCにへばりつき、2つの顔を続ける毎日です。**ネットの収入はとっくに自分の給与を上回り、多いときで月収５００万以上。**

ネットショップも増えたし、メルマガでの情報発信、紹介ビジネス……と、やりたいことが山のようにあって、たいてい寝るのは朝の3時か4時。

毎朝、幽霊みたいにげっそりした顔で出勤し、コーヒーと強壮ドリンクを注入して、ようやく会社員モードにセットする、という毎日でした。

「それだけ稼いでいるなら、もうサラリーマンを辞めてもよいのでは?」と、当時のビジネス仲間から言われることもありました。

けれど私は、そのときはまだ辞めるつもりはなかった。

理由のひとつは、「サラリーマンをしっかりやりながらでも、自分ひとりでのビジネスでもこれだけ稼げる」という限界に挑戦したかったこと。

もうひとつは、マーケティング部の仕事がけっこう面白く、体験吸収できる成長があったこと。

そして最後の理由ですが……。

本音をいうと、辞めるのが怖かった。

どんなにネットのビジネスが絶好調で、給与の何倍もの収入を得ていても、それを未来もずっと続けられる確信が、なぜか持てなかったのです。

さんざん会社には愛想を尽かし、嫌気もさしていたのに、いざ辞める? となると

「いや、今は両立できているから」と不思議なブレーキがかかるのを感じていました。

人間は、大きく環境を変えるときには戸惑いがあるもの。特に、**何かを失う、手放すというときには、勇気がいるもの**です。

まだ、**会社の洗脳が完全には解けていなかった**のかもしれません。

メルマガで痛恨のミス

しかし、そのときはやってきました。

その人間に準備ができたとき、運命は向こう側からノックをしてくるのかもしれません。

それが、本の冒頭でも触れたメルマガ事件だったのです。

「小玉、ちょっと来い！」

ふだんは私を買ってくれている課長が、今までにはないキビシイ表情で私を呼びました。

（なにか俺、やったっけ？）

神妙に会議室に入った私に、課長が告げたのは、取引先からの抗議の電話。私が発行するメルマガに、取引先の業務内容に触れることが書いてあるのが、先方の担当者の目に触れた、というのです。

「しまった……」

すぐにピンときました。

ほんの数日前、仕事の商談で知ったネタを、メルマガに書いて発行していたのです。もちろん、相手の企業名などは出していません。けれど私はメルマガを実名で発行していたので、関係者が読めば事実関係は一目瞭然。言い逃れのしようがないんです。

「これは、まずいことになったぞ」

まさかあれが、会社の取引相手に見られるなんて……。

あまりに不注意そのもの。痛恨のミスです。

会社の業務でしか知り得ない事柄を、私個人の発行するメルマガで許可なく書いてよいわけがない。これは、責められて当然です。

内容は、相手企業のマーケティング戦略に関すること。

「私だったら、こうするのになぁ」なんてことを、訳知り顔で割と偉そうに書き連ねていました。メルマガ自体の主旨は、的を射て面白いものだったという自信がありますが、面白いことと、情報管理のモラルとは、まったく別です。

今の私ならこんな軽率なことはしないのですが、当時、身の回りで面白そうなネタがあると、ついつい書きたくなる衝動を抑えられなかった。

睡眠不足と疲労で、どこか頭のネジがゆるんでいたのかもしれません。

それにしても、私のメルマガが取引先の担当者の目に届くとは、予想もしていなかった出来事。それだけメルマガの読者が広がっていたことを示しています。おそるべし、ネットの伝播力。

しかし、事態はそんなことに感心している場合じゃない。

企業の一社員としては、これは**すこぶるヤバイ状況**です。

私に言い分があるとしても、取引先の批判や悪口を言いたかったわけではない、ということを分かってもらうのが精いっぱい。

社長より稼いで会社をクビに

でも、**自分がしたことの結果は確実に自分に返ってくるのが、世の中の原則。**

取引先の担当者は当然のごとくご立腹で、「こんな情報管理の甘い会社と取引できない」と、私の上司に電話でクレームとなったわけです。

社内上層部は、社長賞まで与えた優秀社員の処遇なので、かなり対応に苦慮したようです。そのせいか、有無を言わせず解雇という処分にはなりませんでした。

例の私の味方である課長が「小玉のネットの知識を生かせるように、部署異動で決着させてはどうでしょうか？」と、便宜をはかろうとしてくれました。ありがたいお話です。

ただ、問題はメルマガの内容だけではなかったのです。

私はメルマガ・ブログ上で、自分の月収額などを時々公表していたので、それも今回の一件で会社にすべてバレるはめに。

小玉のネットビジネスの収入額は、すでに見過ごせるレベルではない——。

そう思われたようなんです。

そりゃそうですよね。会社給与の10倍以上もの副収入を得ている社員なんて、常識的に考えて会社に置いておけませんよね。

結局は、直接問いただして「会社をとるのか、ネットでのビジネスをとるのか」を本人に選ばせよう、ということになったようです。

それが、「はじめに」でてくる役員室の場面です。

役員室では、課長、部長、本部長が並んで、まるで、おしおき部屋みたいな雰囲気。部長や役員の様子は、怒りを帯びているわけでもなく、説教調でもなく淡々と決められた質問にそって進行していくだけ。むしろ、ガツンと怒ってくれたほうが、私には気が楽でした。目の前にいる、**あまりにも規格をハミ出した社員**をどう扱ったらよいか分からず持て余している、という感じでした。

部長の口から機械的に、でも威圧的な感じで質問が発せられました。

「小玉、どうする？　辞めるのか」

私は、一言「辞めます」と答えました。

返答まで、3秒とかかっていなかったと思います。

クビでも1億円

こういうとき、私はあんまり迷いません。

直感にしたがって、すぐに決断します。迷うことが無駄な時間ということをネットでのビジネスを成功させる過程において本能的に身に付けていたからかもしれません。

予想外の展開ではありましたが、役員室を出る私は、少なからず晴れ晴れとした気持ちにもなっていました。

「ようやくこれで、すっきりできる。余計なストレスとはさよならだ」

人間は選択肢があるとどうしても迷いが生じるものです。

温情で自主退職というかたちをとってくれたものの、事実上はクビになったようなもの。こんな別れの告げ方は本意ではなかったので、私にまったく落ち込みがなかったかと言えば、嘘になります。

しかし、辞めて少し時間が経過すると、これは私にとって避けられない通過点のひとつだったんだ、とはっきり感じました。

取引先にバレてしまうほど、メルマガの読者が増えていたのは事実です。読者が増えて目立っていることは、それだけ稼げていることにも繋がります。ガンガン稼いでいるので、バレても仕方ない時期に来ていたのです。

「メルマガなんかやったら目立って、会社にバレちゃうと困ります」と、これから稼ぎたい人からよく質問を受けます。ですが、バレる頃には、それなりに稼げているので、辞めても大丈夫です、と最近の私はお答えしています。

さて、会社を辞めたことで、当たり前ですがたっぷりと時間ができました。

睡眠時間を削って夜中にやっていた仕事が、今はすべて昼間から堂々とできます。新たに勉強をしたり、リサーチをする時間もしっかり確保できます。

当然のように、私のビジネスはさらに勢いを増して上昇を続けることになりました。**会社を辞めて9ヶ月、総収入はついに1億円を超えました。**今も月収はだいたい1000万~3000万円の範囲で動いています。

辞めてから、いろんな人と会う時間もできました。新たな人脈からジョイントして始めたビジネスもあり、常に複数のプロジェクトが同時進行しています。

人との出会いが、こんなにもビジネスで稼ぐことと密接につながっている大切なプロセスだということは、あなたにも是非知ってもらいたいのです。

やはりどういう人と関わるかというのは、自由を手に入れるためにも重要なこと。

会社員時代にまわりにいた同僚・先輩は「起業して稼ぐ」なんて言うと「そんなリスクの高いことはやめておけ」というような人がほとんどでした。同族意識からはみ出る人間を許容できなかったのかもしれません。

ですが、今の私に言わせれば、サラリーマンでいるほうがずっとリスクが高いのは紛れもない事実です。

自由とは、家族を大切にできること

ビジネスの発展はもちろんハッピーです。

そして何よりも幸せなのは、妻との時間が確保できるようになったこと。

株で大失敗をした馬鹿な私にお金を貸してくれ、オークションやネットショップの商品発送を夜中まで手伝ってくれた彼女とは、会社を辞める半年ほど前に結婚していました。毎晩パソコンに向かって作業ばかりの私を、文句も言わず見守ってくれた妻には、正直、頭が上がりません。

毎朝、慌てて出社することもないので、コーヒーを飲みながらゆったりと夫婦でコミュニケーションできる余裕ができました。

ささやかなことですが、これを自由と言わずに、何が自由なのでしょう。


こんな小さな願いも叶わないのが、日本のサラリーマンです。

会社勤務時代の部長は、埼玉の越谷から電車3本を乗り継いで7時半に出社していました。ラッシュ時の満員電車を避けるためです。そのため毎朝6時前には起床。何百人を束ねる上場会社の部長ですよ。

そんな通勤事情が当たり前だと思っている感覚のほうが、異常だと私は思います。


妻の妊娠中、健診や両親学級などにも私はすべて参加しました。

出産のときも、陣痛が始まってから生まれるまで7時間以上しっかり立ち会って、わが子の誕生を見届けることができました。

子供が無事に生まれたことはもちろんですが、「子を産む」ってすごく大変なことであり、尊いものなんだと分かったのが、自分には大きな収穫でした。そんな素晴らしいことをやり遂げてくれた妻に、尊敬の念が湧きました。

子供が小さいうちは、できるだけ子育てに参加する**「イクメン」をやりたい。**これは、私が会社に勤めていたときからの願望です。

大企業らしく、男性の育児休暇制度は一応ありましたが、私の先輩含め、誰一人として育児休暇を取得している人はいませんでした。私がこの制度を行使したら、その後第一線の仕事に復帰できたのか疑問です。男性がこれを使うと、職場復帰した後に仕事がない、という話が多いので誰も怖くて取得できないのだと思います。

それは、私の最も嫌いなカタチだけの制度。まったく意味がない。

子供のためにいっぱい時間をとりたいという父親も、パパに時間をいっぱいとって欲しいという母親も、今は増えています。「イクメン」という言葉だけがもてはやされて、育児休暇の取得もままならないこんな日本の企業社会で、本当の父親の育児参加は難しいです。古い例ですがジョン・レノンが、**子育てのために、長期休養をとった話に憧れを感じるのは私だけではないでしょう。**

私のようにネットを使ったワークスタイルなら、あえて「長期休養」などとらなくても、育児参加が十分にできるのです。

サラリーマンを続けていては、こうはいかなかったでしょう。

家族を大切にできないのに、いい仕事ができるわけがない。仕事のために家族があるのではなくて、家族を守るために仕事をしているという根本的なことをもう一度思い出してほしいのです。

◎結婚費用もネットの稼ぎで現金一括

「お金がいっぱい入ってきて、欲しいものが買いたい放題でしょう?」

そんな質問をよくいただきます。

YESかNOかで答えるならば、確かに「YES!」です。


大きな出費といえば、結婚費用でした。

同棲していた彼女とは、会社を辞める半年ほど前に結婚しました。

一生に一度のことですので、ちゃんと結婚式をやってあげたかった私は、かなり無理をして都内でも由緒正しきブランド式場を予約していました。

当事、ボーナスを全部つぎ込んでも到底足りない費用のことが、ものすごく気になっていました。ネットショップでそこそこの売上げはあったので、かき集めてまぁなんとかなるかな？　という気持ちでした。

しかし、ちょうど式の直前に、メルマガを通じて私はある電子書籍を販売し、それが初月で５００万円くらいの収入になったのです。

奇跡的に大きな臨時収入を得ることができたため、結婚式費用はそっくりそのまま全額支払い。それだけではなく、フロリダのディズニーワールドとハワイへ行ったハネムーン費用もまかなって、お釣りがきました。

本当に必要なときには必要なものは用意される、という不思議な体験でした。

今、普段は、よほど大きなものでなければ、コレ欲しいな～と思ったとき、迷わず買える残高はいつも銀行にあります。

会社を辞めて時間ができたので、趣味も復活したいなぁと、ギターを買いました。昔、欲しくても高くて買えなかったマーチンのギター、60万円なりを現金一括払い。嬉しかったです。

お金がすべてではないですが、お金があることで叶えられる夢や大切な時間がいっぱいあるということは、まぎれもない事実なんです。

最高の贅沢

豊かになって、さぞかし生活レベルも変わったのだろうと思われがちですが、実はさほど生活は変わっていないんです。まとまったお金ができてみると、意外とそんなには使わないんですね。

住まいもいまだに1LDKの団地暮らし。食事だって以前と変わらず、普通のスーパーで買ってきたものが食卓の中心。先日デリバリーを頼んだ2500円の焼肉弁当が、最高の贅沢ですかね。

ただ赤ちゃんができてからは、ちょっとだけ様子が変わりました。

ミルク用など、水をたくさん使うのでミネラルウォーターのサーバーを購入。また食事に使う野菜などは、宅配の良いものを頼もうかと妻と相談しています。

もともと、私も妻もあまり浪費家ではないようです。本当に欲しいもの、必要なもの以外は、あまり贅沢はしていませんし、買い物をしたい気持ちも起きないんです。

欲しいモノを次から次へと買いたいという欲求よりも、貯えがあるという気持ちのゆ

とり。これこそが本当に人生を豊かにしてくれる。

また、いざというとき、例えばケガをして入院しても、当面は生活に困らない、という安心感が、幸福を感じさせてくれるのです。

誰もが欲しいけれど、なかなか手に入らない感覚ですよね。

私はここで自慢話をしたいわけではないんです。

あなたにもこういった生活が手に入る可能性がじゅうぶんにあるのに、何も行動しないのはリスクだということ。

良い果実は、良い根っこからしか育ちません。

収入という果実がたくさんなるためには、会社での労働という根ではダメなんです。

もっと「設備環境が整っている良い土地＝インターネットの市場」でタネをまき、しっかり根を張ることで、たわわな実をどっさりと収穫することができるのです。

ガマンにガマンを重ねても欲しいものが手に入らない「荒れ果てた土地＝会社員生活」を捨てて、まずはとにかくやってみましょう。

お金持ちを目指すなら、実はサラリーマンよりも自分でビジネスを始めるほうがよっぽど簡単だということがわかります。

◎第2章まとめ

▶会社を辞めると、満員電車から解放され、サザエさん症候群もなく快適な月曜の朝を迎えられる。望むならイクメンになるのも思いのまま。

▶給与外収入を得るため、一攫千金を狙って株式やFX投資に手を出すのは危険。たちまち市場に飲み込まれ、多額の金を一瞬で失うのがオチ。

▶まず家の不要品、押入れに眠っているものなどを売って現金を稼ぐ。それだけで10万くらいの即金収入が期待できる。コツはどれだけ安く仕入れて、どれだけ高く売るか。

▶今の時代、ヤフオク内、古物市場、リサイクル、イーベイの海外市場など、あらゆる所から仕入れができる。覚えてしまえば、いちばん確実な稼ぎ方。

▶「仕入れて売る」という転売ビジネスは商売の基本。これで稼げる自信がつくと次のステップに進んだ時に大きなお金を手にできる。

▶身近に協力者がいると心強い。私の場合は彼女でしたが……。

▶継続して安定的に売れる商品が見つかったら、自分のネットショップを開く。するとお客さんの「顔」が見え、お得意さんになってもらえる。

▶転売ビジネスが軌道に乗ったら、メルマガでノウハウやテクニックを配信しよう。世間には稼げる情報を欲しがっている方があなたを待ってます。

▶言葉やメッセージの力は偉大。他人の商品を紹介するだけでお金を稼ぐことができる。

▶人間は、環境を変えることを好まない。特に何かを失う、手放すときには勇気がいるもの。だがそれをしないと新しいものは得られない。

▶ネットの伝播力はすごい。情報管理を怠ると会社を辞めるなどの代償を払うことに。自分のしたことの責任は自分に返ってくるのがブーメランの法則。

▶仕事と副業の両立にもいつか限界が来る。物理的に破たんが起きる時は、会社を辞める時。それだけ稼げているという自信を持とう。

▶ここまで頑張れば、経済的余裕と時間的自由が両方手に入る。貯えができれば、欲しいものが買える喜びと、いざというときに困らない安心感に包まれる。

第3章

誰でもできる！
理想の人生を手に入れる
ゴールデンルール

前章で、私がインターネットでのビジネスを始めてわずか1年半程度で月収1００0万円を稼いでしまったこと、情報発信のメルマガから会社にバレて、クビ同然で退職することになったストーリーを駆け足で語らせていただきました。


そんなに稼げるなら、自分も真似したいな……

会社の呪縛を離れて自由になりたい！

すぐに会社を辞めるのは怖いけど、小遣いを稼ぎたい！

という気持ちでいっぱいになってきたところだと思います。


この第3章では、私がやってきたインターネットを活用した戦略を、あなたがすぐに取り組めるように、わかりやすく整理してまとめました。

「インターネットでお金を稼ぐなんて考えたこともなかった」という方には是非読んでいただきたい。

インターネットビジネスで大成功するための鉄板のルールです。このゴールデンルールにしたがって、私自身も年収1億円を達成しました。

そして、**インターネットビジネスで成功している人は、みんなほとんどこの通りに**

取り組んで、成功してきた、という黄金のルールです。

このルールを知り、素直に実行することで、あなたは最速・最短ルートでの成功を摑《つか》みとることができるでしょう。大事なのは、行動することです。

成功のゴールデンマインド

私は、インターネットビジネスの仲間から「小玉は出世魚のように、成功のステージをあっという間に駆け上がった」と評されています。

またメルマガ読者からも、こんな質問をよく受けます。

「どうしてそんなに早く、成功できたんですか？」

そんなに早く、といっても、はじめは、ゴミ同然の不要品を売ったオークションビジネスから始めて、順番に段階を踏んでひとつずつやっているので、短期間に成功した、というイメージは私自身にはないんです。

ただ、客観的には他の人と比較したら、かなりのスピード感のようです。

もし、最速・最短での成功に理由があるとしたら、こう答えます。

「私は、願望が人よりも強い」

つまり、強く願うことで潜在意識に働きかけをしているのです。

ラーメン屋の親父が自慢だった

第1章で少し触れましたが、私の実家はラーメン屋を営んでいました。

小さい頃、自分の家がラーメン屋だというのが自慢で、よく友達を大勢引き連れてラーメンをごちそうしていました。子供はラーメンが大好きですもんね。

それは、もっとも私が友達の前で得意になれる瞬間だったかもしれません。

父と母の夫婦二人で切り盛りする田舎のラーメン屋。裕福なはずもなく、子供の頃はいつも両親が、深夜までお金の相談をしているのを寝床で耳にしました。

長男の私がどうやら大学に入れそうだということで、入学の資金を必死で貯めていた時期でもあったんですね。

今、当時の実家を思い返して想像すると、たぶん世帯の年収は300万もなかったと思います。そんな状態から、私と弟の二人を大学に行かせた両親は、いったいどんなふうにお金をやりくりをして暮らしていたのだろう？　と今になって思います。

私が入った大学は新潟だったので、大学からは一人暮らしです。

毎月、奨学金が５万に、仕送りが７万。

その仕送りが遅れることが、よくありました。家の事情は分かっているから、私も特に気にしません。

あるとき父は、電話口で「いやぁ、パチンコでたまたま勝ったんで、それで仕送りできたよ」なんて言っていたこともありました。

絶対リッチになってやる

でも不思議なんですが、私自身、家にお金がないことをそんなに気にしているつもりはなかったんです。

ゴハンが食べられなくて、お腹が減ったこともないし、大学だって親のお金で行かせてもらったし……。

でも、心のどこかに何かひっかかるものがありました。

「ありあまるほどのお金が自分にあったら、どんなに楽だろうか」って。

そして、「いつか両親に楽をさせたい」「のんびりしてもらいたい」という願望を心のどこかに持ちながら生活していました。だからこそ、大学卒業後、一流企業に入社したとき、これでやっと両親に恩返しができると思ったんですね。

「よーし、絶対に頑張って上を目指して、リッチになってやる」って。

だから、会社ではそれが叶わないと知ったときの失望も大きかった。

東京で会社勤めを始めてから、給料を毎月使い果たして、クレジットカード地獄になったのも、子供の頃からのお金に対する憧れが暴走していたのかもしれません。

給料という自分の自由になるお金が、初めて手元に入ってきたので、とにかく使いたかったのかもしれません。

あなた自身も欲求をコントロールできないことがあるとすれば、過去の出来事がその原因に深く結びついていることが多いので、ゆっくりと過去を振り返る時間をつくってみてはいかがでしょうか？

涙で聞いた廃業の知らせ

まだ、ネットでガンガン稼ぎ始める前のこと。

入社してまもなく、私のもとに**「学費を工面できないので、弟の大学を辞めさせるかもしれない」**という父母の話が飛び込んできました。弟は、当時まだ大学2年です。

絶対に聞き流せない話でした。兄の私が卒業させてもらっているのに、弟を辞めさせるなんて。もちろん両親だって苦渋の決断をしたに違いありません。

でも、それだけは長男として絶対に阻止しないといけないと思いました。

「そんなら、俺が出すよ」

「歩の世話にはならん」

「ボーナスがあるから、大丈夫！」

力強く言ったものの、カードの支払いが多くて、ボーナスがどれだけ残るか不安になった私は、すぐにカード会社に連絡をとり、**できるだけリボ払いに変更手続きをとりました。**

そうやって、冬のボーナスから50万円を弟の大学の口座に振り込んだのです。

そして、それからまた1年くらい経った頃です。

残業を終えて、遅めの夕食を外でとっていたとき、父から電話が入りました。

「歩、父さん、店をたたむわ」

「えっ、嘘だろ」

「いや、もう限界なんだよ」

「……」

そのとき、すでに借金が2000万円近くに膨れ上がっていたとのこと。

私は、何も言えず、絶句。

「お疲れさま……」と、ひと言しぼり出すのがやっとだった。

電話を切ったあと、涙がポロポロ出てきた。


子供の頃から私にとっては、父は「ラーメン屋の親父」でしかない。

それは、私のアイデンティティでもありました。

俺は、旨いラーメンを作る親父の息子だ。

その親父がラーメン屋じゃなくなる……。

そんな両親に何にもしてやれない無力感に、心底打ちひしがれた日でした。

２０００万まで膨らんだ借金の中には、お店の借金だけじゃない、私の学費も含まれていたのに違いないのです。

願望の強さが成功に直結する

今になってはっきりと分かるのですが、私が稼ぐことにこれだけ強くこだわってこれたのは、この一連の経験が大きいのだと思います。

あのとき、店をたたもうとする親父に何もしてやれなかった自分への強烈な後悔。悔しさ。ふがいなさ。

そんな自分へのリベンジ。

お金のことで苦労しっぱなしだった両親へ、何かの恩返しをしたい。

そのためには、絶対に自分は豊かになる必要がある。

お金でこれっぽっちも苦労をしない自分になる必要がある。

そう思っていたのだと思います。

だから、あなたが、たくさんのお金を稼いで自由になりたいのなら、はっきりとした願望を描いてください。私の場合は、自分が裕福になりたいこと。身近な人をその豊かさで幸せにすること。そして両親に少しでも楽をさせてやりたいという想いです。

目的は、何でもいい。

フェラーリが買いたい、世界を旅して回りたいという願望でもいいですし、家族や親孝行のためでもいい。ただし、なんとなくこうなったらなぁという程度の願望では、なんとなくの結果しか出ない。

あなたが心から実現したい夢を叶えるために、まずは強い願望を持ってください。そして、できれば身近な家族を一番に幸せにしてあげること、あなたの夢を心から応援してくれる人がいることを忘れないでください。

あなたは一人で生きているわけではないし、今まで一人で大きくなったわけでもないのですから。

支配と恐怖から自分を解放する

もうひとつ、自由を手に入れるために大切なことがあります。

それは、**今までのあなたの価値観や先入観を捨て、恐怖をとり除くこと**です。

ずっと同じ組織や社会制度の中で暮らしているので、あなたは知らず知らずの間にまわりの環境の影響を受け洗脳支配をされています。

今は自由を満喫している私が、サラリーマンだった当事を振り返って思うのですから、間違いはありません。

そこから脱出するためには、まずあなた自身の考えを素直に改めて、今までの自分を捨てる必要があります。

会社組織の常識を疑い、世間で言われている常識も疑い、あなたの問題を正しく認識するのです。

それができたら、今度は自分への見方も変えてください。

サラリーマン社会の常識に支配されたままでは、行動にブレーキがかかるのです。

あなたは、これから「会社に頼らなくても理想の人生を手に入れることができる自分」になるのです。今までは「会社に頼らないと生活していけない自分」でした。それは洗脳と無知による思い込みにしか過ぎません。仕事を失っては困るという恐怖で、会社の言いなりになっていたのです。

私の強みは短期間で働きながらでも成功できたこと。なので、インターネットでお金を稼ぐための一番確実な最短ルートがしっかりと見えています。

今から説明するこの順番でやれば、ほぼ間違いなくあなたは稼げるようになります。難しいことはひとつもありません。生活費が足りなくて、クレジットカードに頼っていた駄目な私ができたんです。あなたにできないはずはありません。

ゴールデンルール①
まずオークションから始めよう

まず、これからネットを使って稼ごうという方は、間違いなくヤフーオークション（以下ヤフオク）から始めるのが良いでしょう。

私は、要らなくなったギターのエフェクターを売ったのが、すべての始まり。そこから、自分でも驚きの常勝街道を歩き出すのです。

なぜ、ヤフオクから始めるのがいいか？

答えは単純。

それは、**一番簡単に稼げる**から。

オークションビジネスは、ネットで稼ぐ方法の中で、取り組むハードルが最も低いのです。

その理由は、次の**4つ**。

1 スキルがほとんど不要

物品を売るのは、欲しい人に欲しいものを売るだけ。頭を使わなくても、利益の出る商品を探すことができれば、それだけで稼げます。マーケティングとか、セールスとか小難しい考えやテクニックが不要なのです。

2 インフラが整っている

ヤフオクの知名度は抜群なので、商品が欲しいお客さんは、黙っていてもヤフオクのサイトに集まってきます。買い物をするときに、まずヤフオクから見る、という女性も多いのです。だからあなたはいわゆる「集客」を考える必要がまったくないのです。

3　商売の基礎が理解できる

代金と引換えに商品を渡すという行為により、基本的な商売の感覚を肌で覚えることができる。できるだけ安く仕入れたものを、より高く売って利ザヤをとる、という昔からずっと続く商売の基本を知ることができます。道端に露店でも出したつもりで、現金をジャラジャラと稼ぐ感覚をまずは摑んでください。

4　お金を稼ぐ最初の成功体験が得られる

簡単なことからやるのが、成功の秘訣です。ヤフオクなら、すぐに「自分でお金を稼いだ！」という成功体験を持つことができます。それは労働して得たお給料ではなく、自分が何かを売って得たお金。その違いが非常に大きい。最初にうまくいった体験をもつことは、後々あなたの成長にとって重要になります。

オークションの実際のやり方とは?

日本でのネットオークションは、ヤフオクの市場シェアが圧倒的に高いです。非常にたくさんの人がこのサイトを見ていますから、売るための努力が要らない。買いたい人が、勝手に集まってくるヤフオクで稼ぐことから始めましょう。

①　不要品または、仕入れ品を用意する
↓
②　ヤフオクに出品する
↓
③　落札される
↓
④　入金の確認
↓
⑤　商品の発送

これが大まかな流れです。③の落札までに欲しい人が複数現れた場合は、競売状態となり、売り値がどんどん上がっていきます。出品者にはもっとも嬉しい状況ですね。

最初は、私がやったように家の不要品から売るといいです。**元手も要らないし、部屋内の整理にもなるので、一石二鳥。**

不要品を売るだけでもおそらく10万円くらいは稼げます。これだけでゼロからお金を生んでいるので、あなたのテンションとモチベーションは上がります。

だいたい感覚が摑めたら、今度は売れるものを他で仕入れて、出品してみましょう。

転売ビジネスで、商売の基本を学ぶ

ヤフオクに限らず、こういった需要と供給の価格差があるものを見つけて売るのは、ビジネスの基本です。

これを総称して「**転売ビジネス**」という言い方もできます。

たとえば、あなたは「せどり」という稼ぎ方を聞いたことがありますか？

簡単に言ってしまうと、古本などを相場より安く仕入れて、それを相場で売るビジネスです。

ネットのショッピングサイトAmazonはご存知ですよね。Amazonには、新品以外にも中古市場があります。ここで本やＣＤ、ＤＶＤ、ゲームソフトなどの中古品の流通価格がわかります。Amazonの価格と、リサイクルショップなどの中古品の価格を比較して、差があるものを仕入れてきて売るのが「せどり」です。

たとえば、ＡＫＢ48の初回限定生産ＣＤがAmazonで５０００円の値がついていたとします。それをあなたは、中古品ショップで２５００円で見つけました。

これをAmazonで売れば、２５００円近い利益が出るという仕組みです。

売り先は、先ほどのヤフオクで売ることもできます。価格の差があればあるほど、利益が出せるというわけです。

以上は、国内での転売ビジネスの一例。

最近では、海外から物を買って、国内で売るということも簡単にできるようになっています。

インターネットを使った転売ビジネスとは

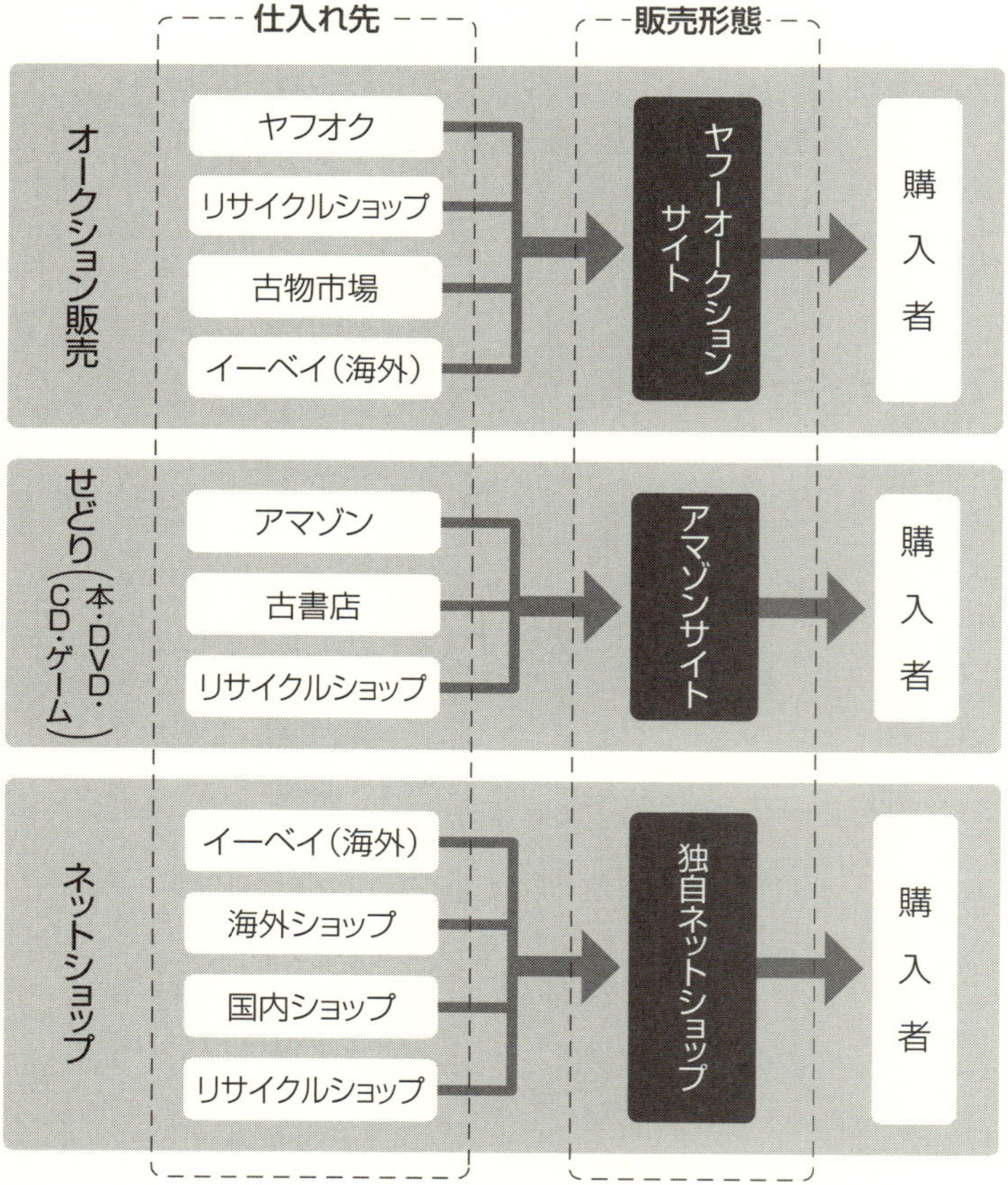

中学生でもできる海外輸入

私がヤフオクの売上を飛躍的に伸ばしたのが「イーベイ」（URL; www.ebay.co.jp）というアメリカのオークションサイトでの仕入れです。日本のヤフオクみたいなサイトだと言えば、分かりやすいですね。

簡単にいうと、ここで仕入れて、日本のヤフオクで売ることができます。第2章でも書いたとおり、イーベイには国内で手に入らない製品などがたくさん扱われています。

例えば、ヴィトンのバッグ。**日本でまだ発売されていない新作がイーベイでは買えます**。そして、日本では手に入らない新作を欲しがるお客さんはいっぱいいますから、これをヤフオクで出品すればすぐに売れるというわけです。

このとき活躍する、便利な「オークファン」（http://aucfan.com/）というサイトがありますので覚えておいてください。

オークファンでは、ヤフオクでの過去の落札相場を一覧履歴で見ることができます。

ここで入札が多く人気のある海外商品をイーベイで探し、価格差をみて落札購入するのです。

コレクターを探せ

例えば、私は以前の勤務先で得た知識でカメラの機能についてはある程度詳しかったので、クラシックカメラやカメラ用品はかなり売りましたね。また趣味でバンド活動もしていたことから、オーディオ機器やレコードなども扱いました。

このように、自分の趣味を生かした商品で商売するのはオススメです。やっていて楽しいし、自分の商品知識が役に立ちます。

とはいえ、専門知識がなくてもヤフオクで売ることはできます。

コアでマニアックな商品は、コレクターが存在するので、ダンヒルのパイプとかマイセンのカップセット、ロイヤルコペンハーゲンのイヤープレート、万年筆などもよく売れました。

オークファンでは、他の人がやっているオイシい転売商品を簡単に見つけることができます。**売れるものは、すぐに真似て売ってしまえばいい**のです。

しかも、ここ最近は円高が追い風になって、日本円での仕入額が数年前に比べて断然安く済むのです。それだけ利益が出しやすいということですから、**今はまさに輸入転売にとって絶好のチャンス。**

ちょっとリサーチさえすれば、すぐに儲かる品が見つかります。**国内でも海外でも、ネットを使った転売ビジネスで、簡単に稼ぐことができる時代なのです。**

ゴールデンルール②
ネットショップのオーナーに！

ヤフオクなどで転売を繰り返してやっていると、自分が扱うなかで、安定して売れる商品が見つかってきます。私の場合、第2章で書いたヨーロッパ製のブランド陶器でした。

売れ筋の商品がわかったら、今度はその商品のネットショップを開きます。

なぜか？

オークションで売るのではなく、ネットショップにしたほうが、より利益が見込めるのです。

たとえば、ショッピングモールと街外れの小さなお店を思い浮かべてください。

ヤフオクというのは、みんなが大勢集まってくるショッピングモールのようなもの。モールでは、お客さんは大勢来ますが、**激しい価格競争が繰り広げられるので、安売りをしなければいけない。**これに対して、**ネットショップは自分ブランドのお店を独立して持つことで、そこでしか買えないものを求めてお客さんがやってきます。**そのため、郊外のお店であってもファンがつき、自由な値段設定ができるようになります。

また、一度ショップを気に入ってもらえれば、一人のお客さんが何度も継続して買い物をしてくれるお得意さんになります。

オークションのように、1回売ってそれっきりではなく、継続的なお客さんへのアプローチができるので、売上げも安定するのです。

ネットショップの運営をすることで、

- **もっとお客さんを集めるにはどうしたらいいのか？**
- **繰り返し買ってもらえるにはどうすればいいのか？**

という工夫をするようになり、ネットで商売をするための基礎力がついていきます。

これが、次のステップに進むときに、あなたの経験値になって大きく生きるのです。

オークションとネットショップの違い

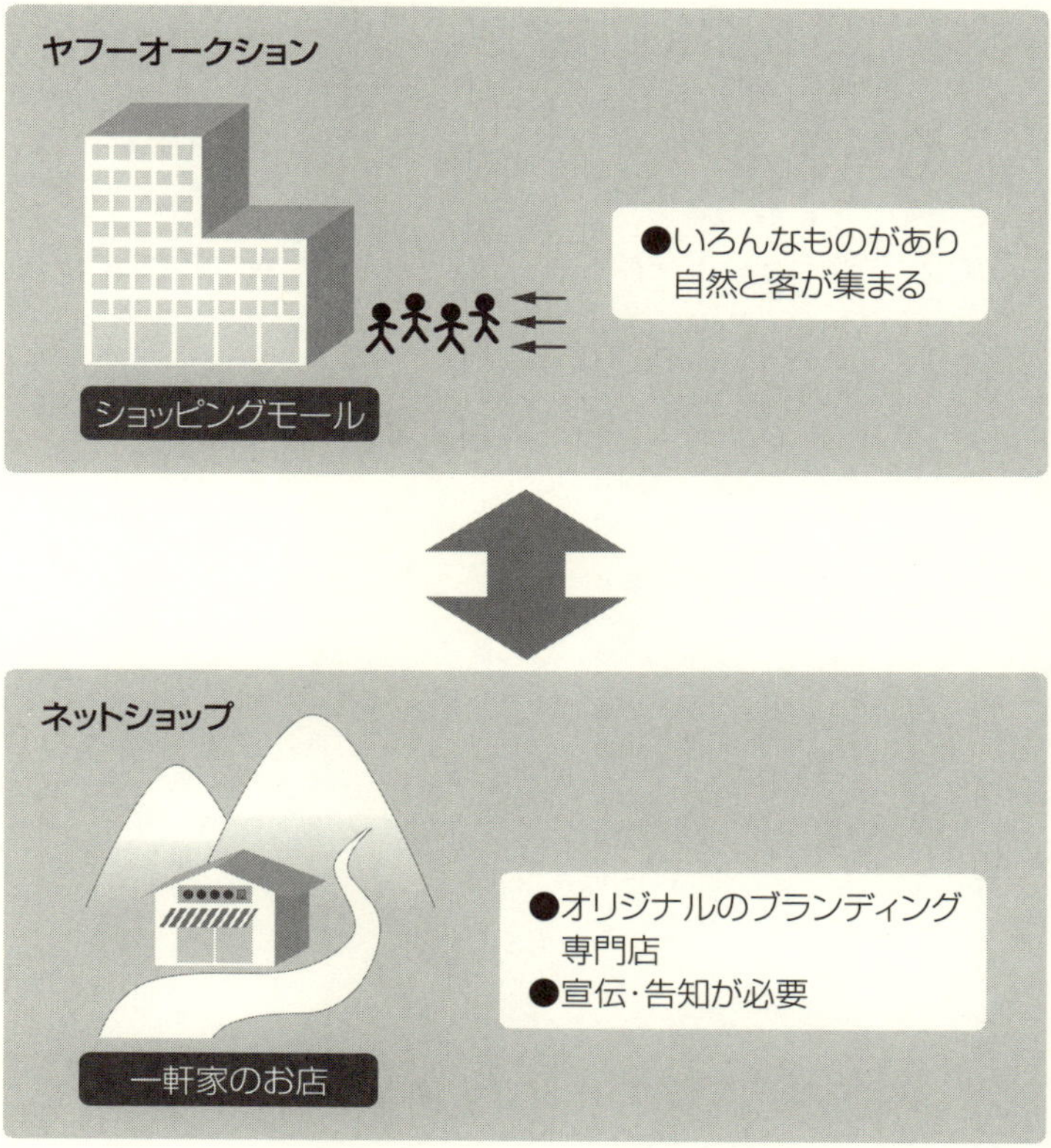

ネットショップで売るものは、どんなものでもＯＫなのですが、なるべく単価が高く、ひとつの商品を売ったときの利益が大きく見込めるものがオススメ。

１０００円の商品も、10万円の商品も、発送するには同じような手間がかかりますから。単価が４、５万円以上するものを中心に扱うと良いでしょう。

小資金でショップ開業

インターネットという仮想空間では、誰に届出することもなく、自由に自分のお店が出せるのが魅力です。

ちょっと、考えてみてください。

実際の土地に店舗を構えて商売をするとしたら、立地を考えたり、店舗を借りたり、内装を準備したり、様々な準備が必要です。他にも電話を引いたり、看板を設置したり、チラシを作ったり。さらには、仕入れや人件費などの運転資金もかかります。

開店資金だけで数百万があっという間に飛んでいくことでしょう。

ネットショップでは、そのたくさんの手間が、サイトをひとつ作るだけでほぼできてしまうのです。**実店舗をオープンする数十分の一の費用と手間で、あなたはショッ**

プのオーナーになることができるのです。

とはいってもショップというからには、たくさん商品を揃えるわけだよね？

仕入れ資金はどうするの？

とあなたは心配していることと思います。

心配しなくても大丈夫。実は、仕入れについてもリスクを最小限に抑えられます。ネットショップの場合、実際にお客さんがやってくるお店ではないので、商品の実物をディスプレイする必要はないのです。

つまり、サイト上に売りたい商品のラインナップを画像掲載していれば店はオープンできるのです。仕入れ先さえ確保できていれば、注文が入ってから仕入れ発注するという方法で大丈夫。だから、在庫を抱える必要はありません。

実際、私の運営しているネットショップもほとんどが、こうやって無在庫で運営をしています。代金をいただいてから仕入れすればよいので、本当にノーリスク。

今の時代はネットやＩＴ環境の普及により、思考の起点をひとつ変えるだけで、色々なビジネスチャンスがあります。

ゴールデンルール③
メルマガを発行しよう！

あなたは、インターネットでメールマガジンを購読していますか？

メールアドレスをお持ちなら、1対1のメールのやりとりは分かりますよね？

メールマガジンは、1対∞に発行が可能な、ネット上の雑誌のようなものです。


ネットショップを開業した次のステップでは、メールマガジンを発行しましょう。

ネットショップを成功させているあなたはすでに、他人に対して色々と役立つ情報を提供できる経験とノウハウが蓄積されています。

それを、メルマガで発信すると多くの人が喜んでくれます。

これを、キャッシュ・ポイントに変える。つまりお金にするのです。


メルマガのいいところは、一通のメッセージが一瞬で多くの人に届くところ。

よくネットでは、レバレッジ（てこの原理）という表現を使いましたが、**インター**

メルマガで情報発信する

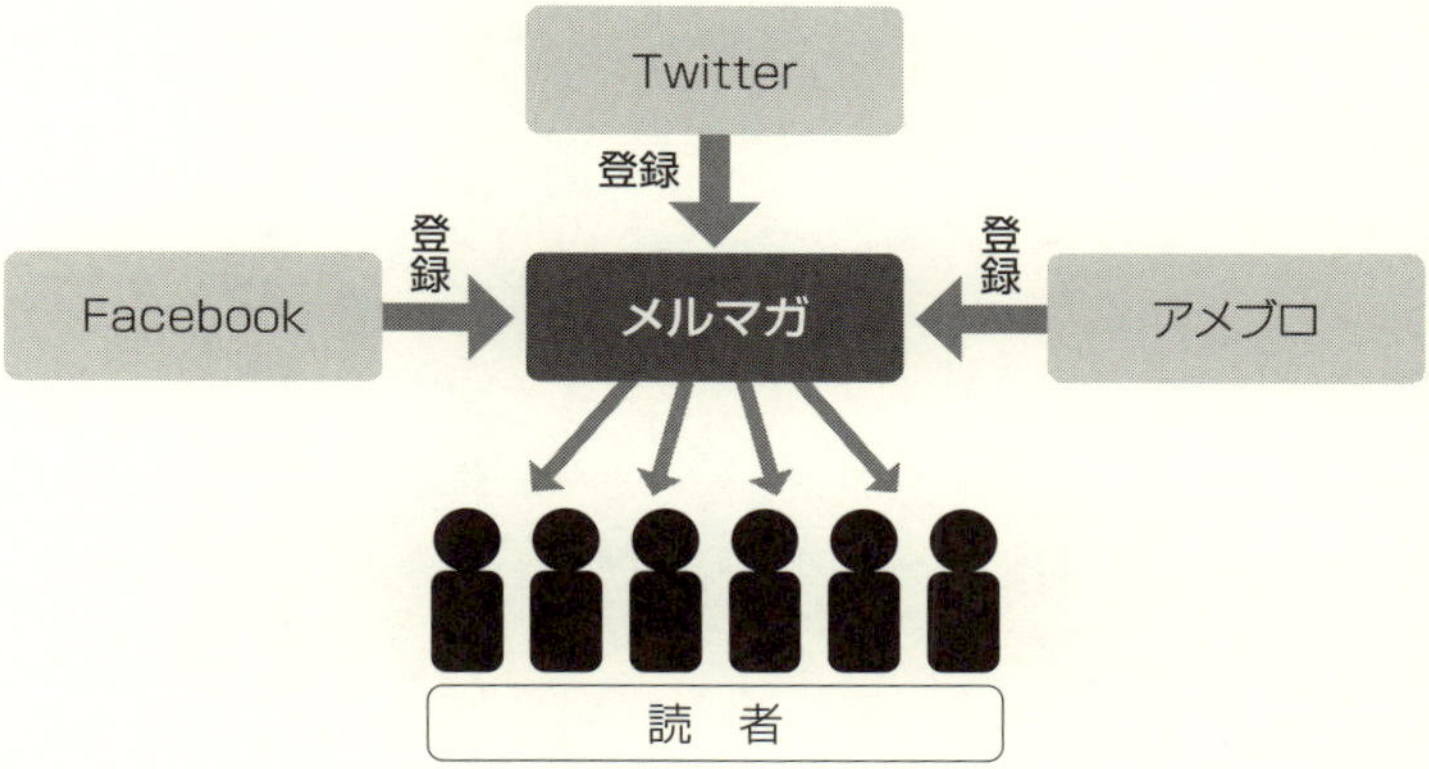

ネットビジネスの利点は、たった1回の作業・労力が無限に広がる可能性があるところです。

継続してあなたのメルマガを読んでくれる読者は、本当によいお客さんになりますし、その方がまた口コミで周知活動をしてくれる。こんなに素晴らしいビジネスモデルはなかなかありませんよね。

まずは、あなたの開いたネットショップの購買客にメルマガを送ってみましょう。ショップで新しい商品が出たら、メルマガを通じて知らせてあげるのです。

これは実生活でいうと、あなたが何かを買ったお店から送ってくるハガキやダイレクトメールと同じような役割です。ダイレクトメールだと、開封されないと読まれない可能性がありますが、メールを毎日開く方ならかなりの高確率で読んでくれます。

そこにお得な情報があればなおさらです。

◎情報を売り物にする

しかし、ショップの購買者だけがメルマガを発信する相手ではありません。

ここであなたにメールマガジンを送っていただきたいのが、むしろ、モノを買う人たちではなく、情報を買う人たち。

つまり最初のあなたのように、「オークションビジネスやネットショップをやりたいなぁ」と漠然と思っている人々をターゲットにします。

そういう人々は、常にネット上で情報を探していますし、ノウハウやテクニックをとても欲しがっています。以前の私がそうであったように。

第2章で書いたように、私が、それまで転売ビジネスでやってきたことを発信するだけで、ものすごく好評で、喜んでくれる人がたくさんいました。

あなたがそれまで蓄積した経験にもとづいて、お役立ち情報を発信すれば、必ず読者が増えていきます。

そうしたら、彼らには有料の情報を紹介してあげるのです。過去に自分が読んで役に立った電子書籍や参加して勉強になったセミナーなどを教えてあげ、それを購入してもらうことで、紹介料があなたに入ります。

これは、今までのモノを売るビジネスとは違う、新しい収入源。

紹介なので、**無在庫ですし、発送もしなくてよいのです。**しかも何人もの読者に対して同時に販売することができる。

たとえば100人の読者に紹介して、そのうち10人が買ったら、同時に10個の紹介料が発生します。**紹介料が5000円だとしたら、一瞬で5万円の収入です。**

これってすごくないですか？

メール1通を送るのに30分かかったとしても、時給10万円という計算になります。

読者数が増えれば、その何倍もの収入が発生するようになります。

私は、このやり方で、実際に収入が何十倍にも増えました。

時間の効率からいえばこれほど魅力的なビジネスモデルはありません。

とはいえ、これは、ヤフオク、ネットショップ、メルマガとひとつひとつ順番にこなしてきたから到達できる段階です。

まずは、転売ビジネスでしっかり稼ぐということを忘れないでください。

しっかり稼ぎながら、次のステップの準備ができるのですから、こんなに夢のあるお話はないですよね。

カタチのあるものをヤフオクというショッピングモールで売ることから始め、次にネットショップを開いてお客さんを集めたり、コミュニケーションが必要な運営を行ない、最後に情報発信者になるというのが、私のゴールデンサクセスロードです。

次はいよいよ最後のステップをご紹介します。

ゴールデンルール④
あなたのコンテンツ販売をしよう

メルマガで、他の人の電子書籍やセミナーなどの情報コンテンツを紹介することは、時間面、リスクの少なさを考えても、すごく効率的な稼ぎ方です。

しかし、紹介料は、一定の割合が決められています。売った電子書籍の30％とか40％とか。ここでも機転を利かせて考えてみましょう。

もし、情報があなたのオリジナルのコンテンツだったら、売れた価格がほとんどま

情報コンテンツ販売とは

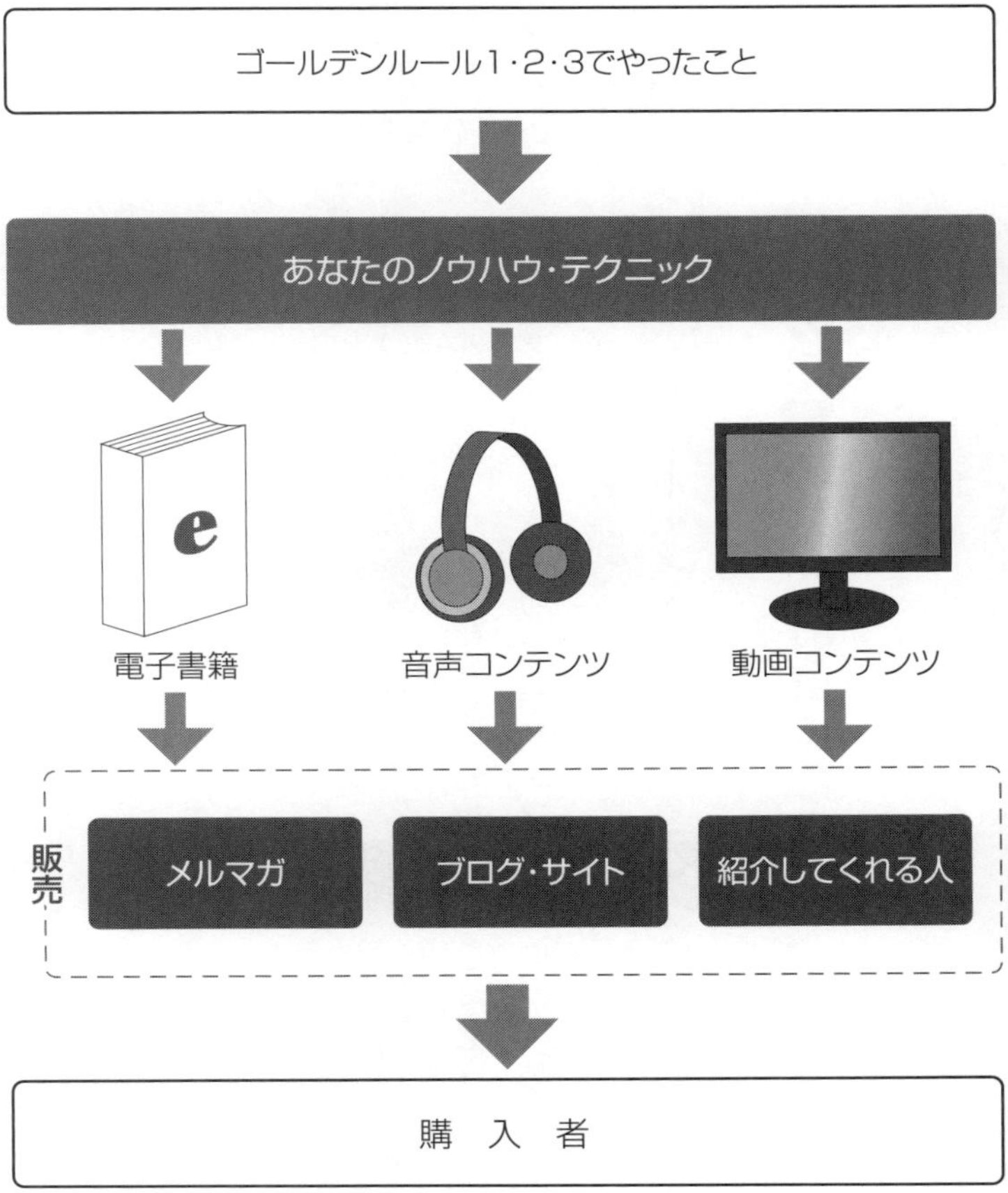

るまるあなたの収入になると思いませんか?

この段階まで成長しているあなたには、人に対して提供できるノウハウや手法が必ず蓄積されています。オークション→ネットショップというゴールデンルールに沿ったステップを踏んで、しっかり稼いできた実績がありますから。

それをノウハウ化、コンテンツ化し電子書籍、音声、動画にまとめて、あなたのコンテンツとして販売しましょう。

そうすれば、販売価格のほとんどがあなたの収入になります。また今度は逆に、紹介料を払って他の人のメルマガやブログで紹介してもらうこともできます。

コンテンツの販売者になると、一気に知名度が上がって、ますますお客さんや読者が増え、その後のビジネスがとても有利になります。

これが、この本で説明するゴールデンルールの最終ステップです。

ほんの少しの知識の差がお金になる

情報コンテンツは、これからの時代ますます価値を高めます。

インターネットの発達で、私たちが日々触れる情報の量はものすごく多くなりました。同時に地球のサイズはどんどん小さくなって、海の向こうの商品を、サラリーマンが週末の副業で仕入れて簡単に売りさばける時代になっています。

しかし、そんな現実ですら、**会社の業務に追われて漫然と日常を送っているだけでは、気づかないで過ごしてしまいます。**

これからの時代、情報をうまく手に入れて活用できる者がどんどん豊かになっていきます。だからこそ、ブログやメルマガなどで自分の発信手段をもつことが武器になるのです。**つまり、自分自身が商品になる時代がきたということ。**

大げさな情報なんていらないんです。あなたが人よりちょっと詳しいこと、できることを発信していくだけでいいのです。ネットで、自由をちょっぴり先に手に入れた先輩として、初心者に知恵・情報を提供してあげるのです。

コンテンツを売る方法は、電子書籍、セミナー動画、音声コンテンツ、いくらでもあります。どれも複製が簡単で、利益率がとてもよい商品になります。

形のない「情報」を制した人間が人生で勝利することは、勘のいいあなたなら理解できますよね？

◎ゴールデンルール完全解明

商売するうえで、一般的に、形のあるものを売るほうが、形のないものを売るよりずっとカンタンだと言われます。

たとえば、あなたが仕事で使っているボールペン、ノート、パソコン。毎日着るシャツやパンツ、靴。口にするパンや果物、お惣菜。それらを収納する冷蔵庫。電子レンジ、コーヒーメーカー。

形のあるモノは、必要を感じた人が、必要なときに、確実に買いますからわかりやすいですよね。だから、売るためのテクニックはそれほど要らないんです。

極端な例ですが、バナナは果物屋で留守番をしている幼稚園児でも売れないことはないです。

でも、形のないものは、そう簡単にはいかない。

たとえば、保険、教育、セキュリティなどは売りにくく、セールスのスキルが重要な商品だと言われます。

ゴールデンルールを、あらためて見返してもらうとわかるのですが、

ネットで億を稼ぐゴールデンルール

	やること	稼げる金額	到達期間	難易度
❶	オークション	50万円	2ヶ月	★
❷	ネットショップ	100万円	4ヶ月	★★
❸	メルマガ	1000万円	12ヶ月	★★★
❹	コンテンツ販売	1億円	18ヶ月	★★★★★

ゴールデンルール①～④の特徴

	入門編 ゴールデンルール①、② 「有形の商品を売る」 ・物販中心	上級編 ゴールデンルール③、④ 「無形の商品を売る」 ・情報コンテンツ中心
仕入れ	必ずあり	データ中心
在庫	必要な場合と不要な場合がある	データ中心なので在庫スペース不要
生産	複製は不可能	複製が容易
レバレッジ	基本は1対1の販売	1対∞の販売可能
労力	基本は梱包・発送作業あり	データの自動受け渡し（ダウンロード）
販売量	仕入量に応じ上限あり	複製が無限にできるので上限なし

ゴールデンルールのマトリックス

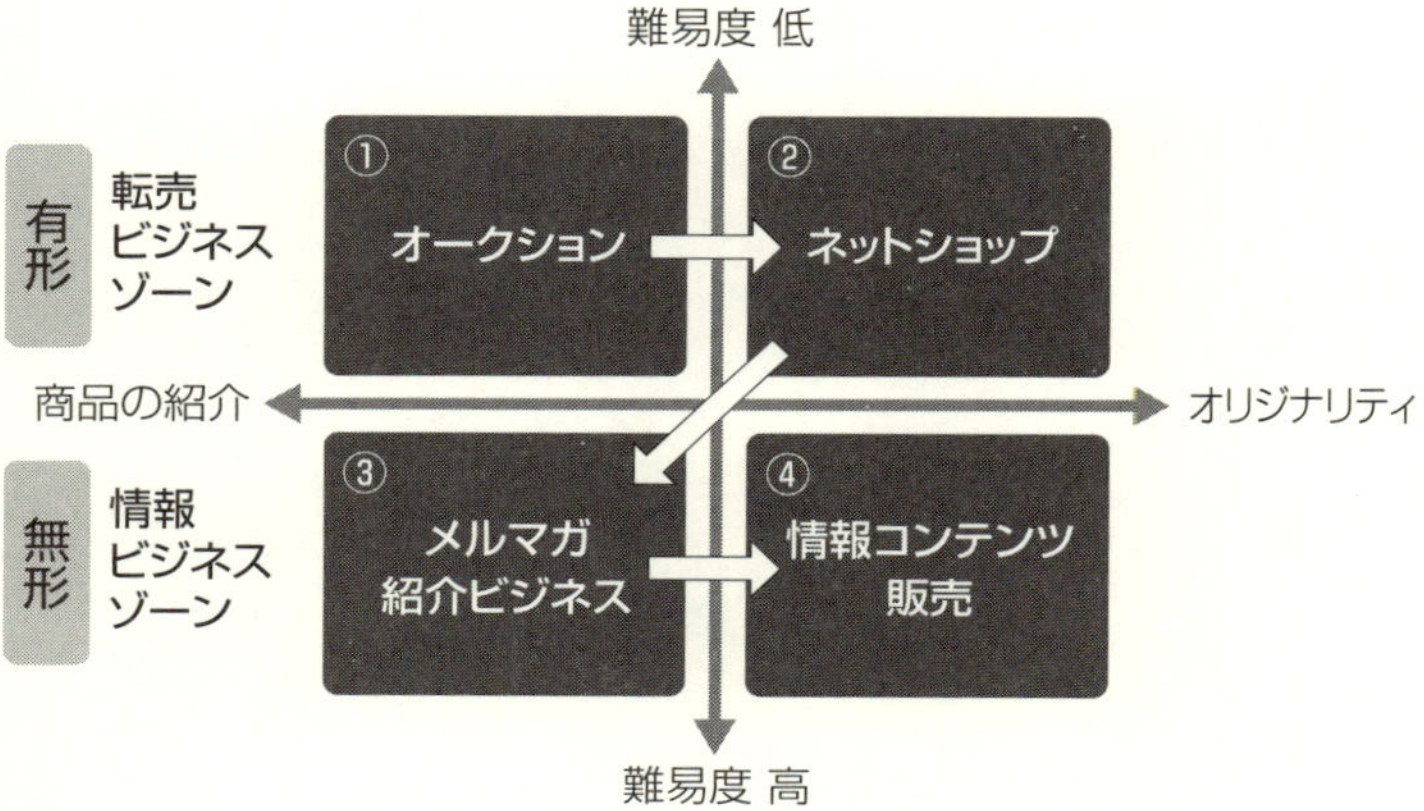

前半の①と②が
カタチのあるものを売る。
後半の③と④が
カタチのないものを売る。

というきちんとステップを踏んだ流れになっています。

ゴールデンルールの後半になるほど、商売をするレベルや難易度がだんだん上がっていることが分かります。

とある上場マーケティング・コンサルティング企業の方に見ていただいたのですが、これは**非常に理にかなっているビジネスのモデルケースだそうです。**

私はこのルートそっくりそのままに、階段を上ってきました。

これを意識的に理詰めでやっていたわけではないのですが、偶然にも、このルートにのっとり、カンタンな方法からビジネスを始めていたのです。そんな幸運に恵まれたからこそ、あなたにもこのルールどおりにやることがどんなに効率的かをお伝えしたいのです。

◎成功する人はみんなやっている

独立後、インターネットのビジネスで私よりずっと前から活躍している大先輩の方たちに、過去のビジネス歴をスタート地点から聞いてみる機会が何度もありました。すると驚くほど、これに似た道を歩いているケースが多いことがわかりました。

今は大御所といわれる方たちですが、やはり最初は易しいオークションの道から入り、一歩ずつビジネスの山を登ってきた方が多いのです。

そこで私は、これは成功する**鉄板の型**のひとつであり、**黄金のルール**だという確信を持ち、**「ネットビジネスのゴールデンルール」**と名づけることにしました。

先に書いた**ゴールデンマインド**を持ち続け、ゴールデンルールに沿ってビジネスを進める限り、大きく遠回りしたり、無駄な時間を費やすことはありません。
はじめるからにはすぐに結果が出たほうがモチベーションもあがりますよね。

実際に、私が実践したずっと後にゴールデンルールを始めた**サラリーマンのT君は、5ヶ月で、オークションによる月収が40万円になりました。**私よりはスローペースですが、すでに会社の給料よりも稼いでいます。それどころか、職場で偉そうな顔をしている課長の手取りの給料よりも多い金額を毎月稼いでしまっています。

「この稼ぎがあるおかげで、どんなに会社が気楽になったか」とT君は言います。
以前は会社での評価を気にしたり、職を失うのが怖くて、過剰なストレスを抱えながら、上司の言うことをなんでも聞いていたそうです。今ではすっかり心の余裕が生まれ、**嫌なことは嫌、おかしいことはおかしいと、会社でもはっきりNOを言える。**そうすると**不思議なことに会社での評価も良くなり、大きな仕事を任せてもらえるようになった**とのこと。

お金を稼ぐ行為自体が重要ではなく、稼ぐことで生まれる心のゆとりをもって人生を過ごせるようになることが本当に大切なことなのです。

稼ぐことで見えてくる現実

いずれにせよ、あなたがこのゴールデンルールでまとまった稼ぎを手にするようになると、会社で見える景色はがらりと変わってきます。

少なくとも会社の奴隷気分からは、脱出できます。

そして稼ぎの額に比例して、自由を感じる度合いは高くなっていきます。

私は、サラリーマンをしながら、1年半で1億円以上を稼げるようになりました。その額は会社人生7年間トータルで稼いだ額の5倍近くになります。

夕方から夜にかけて、高架を走る緑色の山の手線をたまに見かけます。**夕陽に染まる電車の内部に目をやると、やはりスシ詰めのサラリーマンがぎっしり。**その様子を外から見ると、やはり囚人護送車を連想して悲しい気持ちになってしまいます。

気を悪くしないでくださいね。私もほんの1年前までは、この中に収容され会社という監獄まで運ばれていました。そして、毎日苦痛を感じながらも、それほど人生に対して疑問を持っていなかったんです。

ですがそこから抜け出してみると、7年間これに乗って文句も言わず通勤していたことに、我ながらよくやっていたもんだと驚きます。**それを、給料はあがらず、ボーナスはなくなり、いつでも会社の都合でクビを切られるかもしれないような状況の中、会社の定年まで40年間も続けるとしたら、もはや異常過ぎます。**正気の沙汰《さた》とは思えません。

あなたがそこから脱出する道案内は、ゴールデンルールに書いたとおりです。

一歩一歩、自分の力でお金を手に入れる喜びを味わいながら、進むことができます。

どうか安心して、迷わずに進んでください。

あなたが、一刻も早く自由を得るために。

◎第3章まとめ

▶早く成功したいなら願望を強く持つこと。動機は、物欲や見栄や贅沢への憧れでも何でもいい。ただし、お金がないことで体験した悔しさやふがいなさはバネになる。特に家族への想いは強力なパワーとなることが多い。

▶ゴールデンルール1　オークションから始めること
スキルが不要、インフラが整っている、商売の基礎が理解できる、お金を稼ぐ最初の成功体験が得られる、という理由からヤフオク販売でスタートするのが確実。

▶ゴールデンルール2　ネットショップ開業
売れ筋の商品を見つけたらネットショップのオーナーになる。ネットでは実店舗とは比較にならない小資金でショップを持てるし、無在庫販売も可能。お得意さんとのやりとりでマーケティングも勉強できる。

▶ゴールデンルール3　メルマガ配信開始
転売で稼げるようになったら、これから始める人に向けて情報提供をする。複製可能で販売上限のない紹介ビジネスという効率のよい稼ぎ方ができる。

▶ゴールデンルール4　コンテンツ販売デビュー
教える側の先生となりノウハウをコンテンツ化する。電子書籍、音声、動画にまとめて販売する。今後ますます情報コンテンツが価値を持つ時代になる。

▶商売は、有形のものより無形のものを売るのが難しい。ビジネスの難易度に沿って、簡単なことから発展させるのが王道。自分の成長を楽しもう。

第4章

このままではあなたが不幸になる理由

◎先延ばしは命取りに

ゴールデンルールは、一刻も早くあなたが理想の人生を手に入れるための鉄則。

前へ進むためのコンパスとなるように、私はこの本を書きました。

私が一番心配なのは、あなたがこの本を読んで、「あぁ、勉強になったな」と納得だけして、何も行動しないことです。

「確かに、サラリーマンは不自由が多いね」

「自分の力で稼げて、お金に余裕があったら魅力的だね」

でも、行動を起こせない人がなんと多いことか！

「そうはいっても、今の仕事、けっこう頑張っているし」

「会社でもけっこう評価されているし」

「今、忙しい時期だから、もう少し落ち着いてから、始めてみようかな」

そんな言い訳をしながら、先延ばしをするのです。

ですが、あえて言いたい。

「いつか」「そのうち」では間違いなく手遅れになります。

あなたを煽《あお》って焦らせるわけではありません。

今、サラリーマンや会社をとりまく状況は、どの角度から見ても、明らかに悪くなっています。それも、あなたが感じているよりもずっと速いスピードで。

あなたにとって一度しかない人生を後悔しないためには、少しでも早く行動をスタートしてください。

もうのんびりしていられる時期は、とっくに過ぎています。

その理由の第一として言いたいのは、やはりお金のこと。

今のままでは、あなたが理想の人生を送るために必要な費用が圧倒的に足りなくなります。その根拠を簡単にご説明します。

第1章でも話したように、サラリーマンの給与はほとんどが、必要経費分として計算されています（68頁参照）。

ということは、**今日の疲れをとりあえず癒して、ご飯を食べて、明日も健康で仕事**

ができるような最低限の給与しか、あなたには与えられていない。

明日、**なんとか会社に行ける分だけ**というところがポイントです。

◎国家や会社の維持装置である会社員

今後、経営状態がどんどん苦しくなる日本の会社では、ますます財務状況が悪化し、人権費を削減していくことが予想されます。社員への給与やボーナスは、おそらくどんどん切り詰められる。

あなたがもし20代なら、近い未来に結婚して家を買って、子供をつくって、高い教育費を払って子供をいい大学に……なんて予想している方も多いでしょう。

しかし、**上司の部長達がそうであったように、たとえ年齢が上がり出世をして年収が上がったとしても、その先には、独身時代よりもずっと苦しい家計のやりくりが待っています。**いわゆる住宅ローンや学費ローンなどですよね。

それでもまだ大企業はマシなほう。長引く構造的な不況もあって、中小企業では存続そのものを必死で考える状況です。

入社年数とか、職歴の長さだけを給与額の査定基準にする企業は、どんどん減っています。年功序列方式がどんどん廃止され、年齢が上であっても、家庭があっても、必要経費すら守られない方向にむかっています。

その代わりに「会社に貢献した社員には利益を還元する」という成果主義を導入する会社が増えています。

これは、一見すると私が理想としていた評価基準に近づいているように見えます。「頑張って出した成果には報いる」ということですから。

しかし実際には、ここに**カラクリやまやかしがあることが多い**のです。

実力・成果主義を新しく掲げるものの、それは社員の上げた利益を正確に配分する仕組みではない場合がほとんどです。

つまり、頑張って出した成果について、申し訳程度、給与に上乗せをして、それを「成果給」として支給しているケースが圧倒的に多いのです。仮に営業マンが去年の3倍の利益を上げたからといって給与が3倍にはならないのはご存じの通り。

まさに私が会社員時代に味わったような賞金や、昇給がいい例です。程度の差はあるでしょうが、どこの企業も経営者や株主が存在するのであまり変わりません。

これには理由もあって、今まで、年功序列を採用していた会社が、いきなり成果主義に移行すると問題が生じます。子供の教育費やマイホームのローンを抱えた部長・課長クラスの社員給与が一気に下がってしまうとまずいからです。

そこで、段階的に成果主義を取り入れていこうとしている、今はまさにその過渡期だということ。これをどの程度まで進められるのかは、企業もまだイメージできていないでしょう。

◎給与制度改善のまやかし

ここで忘れてほしくないのは、すべての決定権は企業が握っているという当たり前の事実です。

今後、年功序列式による給与アップが少なくなっていくことは間違いない。

いっぽうで、完全に成果に応じた報酬を支給するわけでもない。

ということは、**社員全体への支給額そのものは減らして、内部留保を増やすことが可能**なのです。つまり、給与制度を、社員がより満足し納得して働けるように改善すると宣言しておきながら、実は今までよりもケチっているかもしれないのです。

事実、私の知っている１００人規模の企業の経営者はそうやって会社の人件費を抑えていると言っています。

会社にいる以上は、一社員であるあなたに、対抗策はないというのが現実。

年齢を重ねても昇給はアタマ打ち。頑張って成果をあげても、報酬は限定的。失業率が高止まりして、**求人が少ない今の雇用状況では「嫌なら辞めてもいいよ」と言われるのがオチです。**

普通の人生にお金はいくらかかる？

いまサラリーマンの年収は、全国平均で４００万円弱と言われていて、１９９７年以降、年々下がっています。

仮に大学を出たあと、４００万の年収を22歳から60歳までもらい続けたと計算してみると、収入合計は1億5200万円になります。

では今度は、あなたの人生に必要な費用を計算してみましょう。

あなたが結婚して子供を一人作ってマイホームを購入したとします。

子供の教育費用は、幼稚園から大学まですべて公立だったとしても、学費だけでほぼ1100万円かかります。それ以外にも、食費や洋服、習い事などを全部含めると、子供を育て上げるまでに、2000万円くらいはかかると言われています。

2人いれば、×2で4000万円です。

さらに、住宅購入費用は、全国平均でおよそ3300万円ほどと言われます。

教育費用と住宅購入費用を足すと、5300万円。

実は、これ以外にあなたは毎月かなり大きな出費をしています。

それは、税金と社会保険料です。

自分が税金をいくら納めているか、ちゃんと把握していますか？

毎月、給与明細を見るとき、おそらく手取り金額しかみていないと思います。サラリーマン時代の私がそうでした。

所得税も住民税も給与から天引きになっているために、サラリーマンの多くは税金に対してとても無自覚です。

大切な労働の対価から、本人の手に渡る前に、あらかじめ税金をとってしまう。こんな国は、実は日本くらいです。

古い話になりますが、第二次大戦時に社会制度を作る中で、**官僚ができるだけお金を徴収しやすいように源泉徴収という究極の徴収制度を作りあげた**と言われています。国にしてみれば、こんなに便利な話はないですよね。労働者たちが汗水たらして働いて、その給与の何割かが自動的に予算に入るわけですから。

つまり、サラリーマンは労働のスタート地点から、国家と会社の維持装置の中に組み込まれているのです。

先ほどの年収400万円の場合だと、税金と社会保険料は、30歳独身男性の場合で、年間で87万円ほどを徴収されます。87万円を38年間納めると、合計3306万円を支払うことになります。

生活費はわずか

先ほどの、生涯収入1億5200万円から、この税金・社会保険料と、教育費用と住宅購入費用を引くと、いくら残るでしょうか？

費用と使えるお金

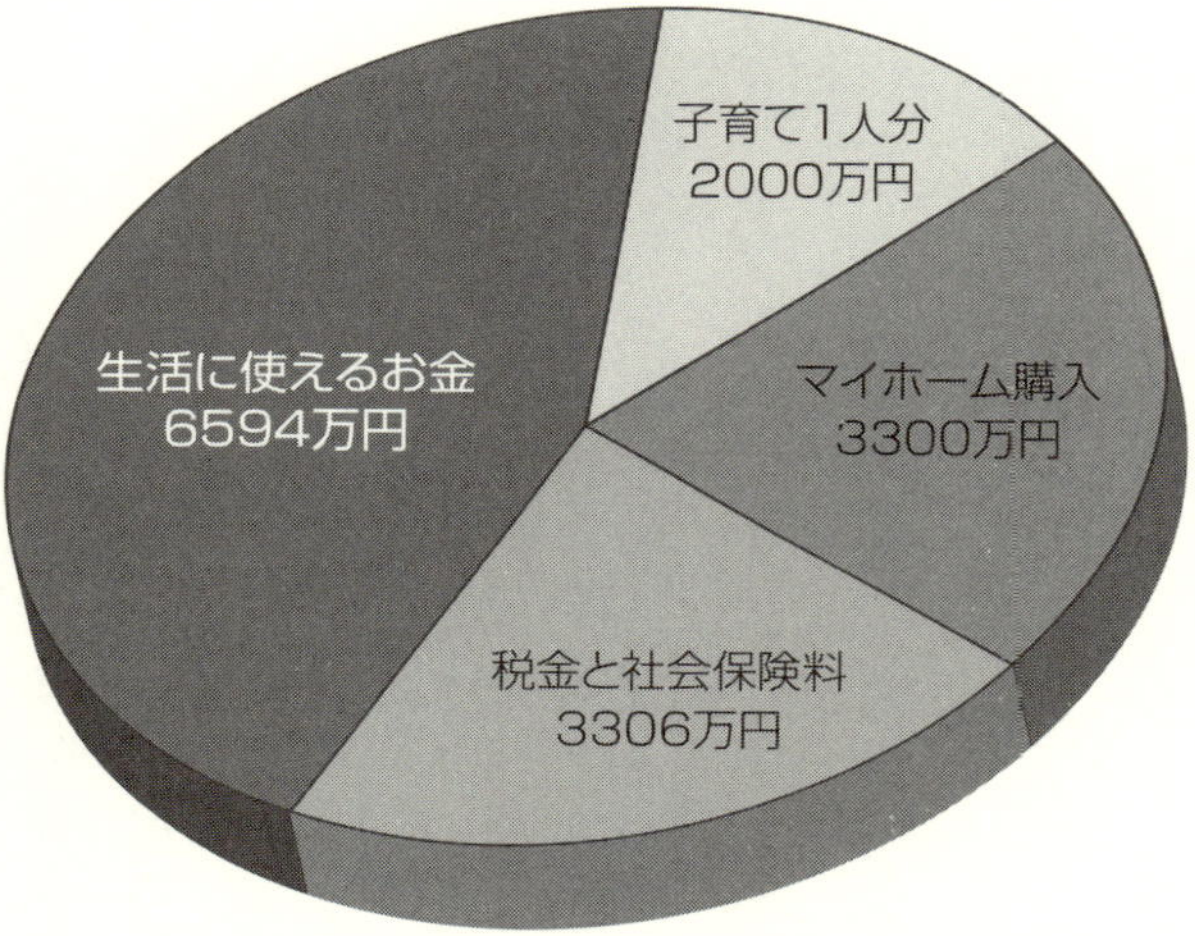

定年まで生涯賃金が1億5200万の場合、
月に使えるのはたったの14.5万円

1億5200万円－3306万円－2000万円－3300万円＝6594万円

残りのお金は、6594万円です。

この残金で、夫婦二人の生活費をまかなっていかなければいけません。

これを38年×12ヶ月で割ると、ひと月あたり、わずか約14・5万円で生活していく計算になるのです。

この数字を前にして、あなた自身明るい未来が描けるでしょうか。

金額が大き過ぎて、あるいはまだ訪れない将来の話で、実感が湧かない、イメージできない方も多いかもしれませんが、コレが今の現実です。

「とはいっても年齢が上がれば、給与はあがるでしょ？」

という反論が通用しないことは、先ほどの項目でも説明したところです。

これからの企業では給与はますます締めつけられて上がらなくなることが必至です。

要は、そうまでしなければならないほど、今、会社自体が存続の危機に立たされているのです。

次に会社全体のことを考えてみましょう。

会社は近い将来なくなる？

日本でもっとも影響力を持つコンサルタントの一人と言われる神田昌典さんの近著『２０２２――これから10年、活躍できる人の条件』で、おそるべき予言がなされています。

それは、**2024年には、会社はなくなる**というもの。

神田先生が研究しているライフサイクル論によると、企業の寿命がどんどん縮まっているので、このままいくと2024年頃には会社という組織形態自体が大きく変わる、とみているのです。

神田先生は、本の中で会社がこれから直面する壁について解説しているのですが、それはまさに、私が7年間のサラリーマン生活の中で肌で感じ、大きな疑問と危機感を感じてきたことでした。

第1章で書いた、私が感じてきた矛盾やストレスは、もうそこで働く社員だけの問題ではありません。そのまま会社の抱える問題でもあったのです。

社員ひとりひとりが細胞だとすれば、会社という身体がすでに重い病気にかかっていて、機能不全になりかけているのです。

社員個人の犠牲の上に収益を維持してきたはずの会社は、自分の命さえもながらえることができなくなりつつあるのです。

時代の変化についていけない会社

最近、少し前までの優良企業が、目を覆うような事態に見舞われています。経済大国日本を象徴する産業だった自動車や家電メーカーなどの多くが先の見えない不振にあえいでいます。

2012年3月期の決算で、パナソニックがマイナス7722億円、ソニーがマイナス4566億円の純損失を計上し、世間いや世界を驚かせたのは記憶に新しいですね。また最近では、シャープが海外企業と資本提携するような話もあります。

いっぽう、グリーやモバゲーのDeNAなどのIT・ネットインフラを基盤としたコンテンツ産業の会社は好調です。テレビCMもやりたい放題。

みんな、心のどこかでは気づいているが、誰にも言えず押し殺して抱えていた不安が一気に明るみに出たという感じではないでしょうか。

日本の企業や産業構造を取り巻く状況がすごいペースで大きく変わっているのです。

さらに、この先はもっと激動の10年が始まると神田先生は予測しています。どんなに繁栄を誇り、注目されてきた企業でも、どんどん足元をすくわれる。

特にフットワークが重く、小回りが利かない企業は要注意。

消費のニーズを即、商品戦略やマーケティングに活かせないと、瞬時にしてトップ企業から転落してしまうでしょう。

時代の変化を先読みして慎重かつ大胆に舵取りをしていける企業だけが生き残っていくのです。

あなたの会社はどうですか?

大企業には戦略なんてない

私は、辞める直前の一年間、会社ではマーケティング部で仕事をしながら、個人ではネットショップの運営やメルマガの配信、コンテンツ制作などをやり、経営者としてお客さんと向き合っていました。

ちょうど同じ時期に、日本中の誰でも知っている商品を売る大企業のマーケティングと、自分のビジネスのマーケティングを経験できたのは、貴重な体験でした。扱う規模はまったく違いますが、**商売の本質的な部分を比較できる環境にあった**のです。

そこで私が見た現実は、**大企業のマーケティングだからといって、必ずしもすごいことや革新的なことをやっているわけではない**、ということです。

「マーケティングは一種の科学だ」という言葉があります。

私自身、勤めていた大企業のマーケティング部に移る前は「きっと詳細な統計データにもとづいて、緻密な数値分析を行なっているところなんだろう」と思い込み、期待をしていました。

ところが、働き始めてわかった実態は、まったく違うものでした。

詳細な数値分析をするのは取引先の広告代理店の役目であって、企業内では代理店のデータをみて判断をするだけ。

広告・宣伝の立案にしても、代理店がプレゼンテーションした広告展開案の中から選ぶだけでした。

つまりは、ほとんどが広告代理店頼り。

データの数字も代理店が作成したものなので、自分たちのプランを選んでもらうために、いくらでも取り繕うことができるのです。

感覚が頼りの非科学的マーケティング

そして、肝心の販促活動の手法ですが、私から見ると、これもまた考え尽くされているとはいえない画一的なものでした。

つまり、**マスマーケティングに偏りすぎた販促ばかり**なのです。

マスマーケティングというのは、テレビで流れるCMや新聞広告に代表されるように、できるだけ多くの人に一気に見てもらい認知をしてもらうことが目的です。CMにはできるだけ好感度の高い芸能人や、有名人を使ってイメージアップをはかります。

誰もが知っているような製品を扱う大企業の販促活動は、いまだにマスマーケティング一色です。一見華やかなマスマーケティングの方法は、幅広く商品を知ってもらうことはできますが、多様化した個人のニーズを拾うことができません。

過去の大量生産・大量消費の時代ならこの手法でよかったかもしれませんが、今はこれだけではあまりに不十分です。

その一番の理由は、**マスマーケティングでは、広告の効果というものをまったく測定できないこと**にあります。

効果とは、その広告を見た人が、購買、問い合わせ、資料請求などのアクションをどのくらい起こしたか、ということです。

「そんなの測れるもんなの？」とあなたは思うかもしれません。

ですが、インターネットの世界では、これが測れるのです。

例えば、あるネットショップに一日何人が訪れて、そのうち何人が購入したか。あるいは購入するカートまでは来たけれど、帰ってしまったか。これを測ることで、より売れるショップに変身させるヒントが見つかります。

ゴールデンルールの最初にオススメしているヤフオクでも、あなたの出品した商品を、サイトで何人が見に来たか？　がわかるようになっています。

マスマーケティングでは、これがまったくといっていいほどできてない。

だから、広告を打ったあとに何をやっているかというと、

「やっぱ、○○○○（男優の名前）じゃ、売れないよな」

「○○○（女性タレントの名前）を起用すると、今は鉄板だよね」

なんてことを、マーケティング部と広告代理店で言い合っているのです。

こんなことは、もちろん効果検証でもなんでもなく、**ただの感覚の世界。**

大量の広告予算を使っているのに、なんてもったいない話でしょうか。

高サイクルの商品開発は無理

また、今の商品開発が、どこまで消費者のニーズに合っているのか？　という問題があります。

マーケティングの広義の意味には、お客さんのニーズにあった商品開発ということも含まれます。

しかし、私のいた会社のような大手製造メーカーの場合、マーケティング部門で商品開発をはじめからやるわけではありません。

まず、自社の優れた研究室から生まれた技術をもとに、商品を作るのです。

例えば、○○万画素のデジタルカメラができたからそれを売ろう、と。

つまり、**技術部門が主導で、どんな商品を作るか決めている。**

ということは、お客さんの欲しがるものを作るという発想ではなく、生み出された新しい技術を生かして、という企業側の発想になりがち。

マーケティング部では、あらかじめ製造が決まっている商品について、その機能や特徴を活かした宣伝訴求のしかたを考えるのが仕事。商品の特性を欲しがるであろうお客さんの層をリサーチして探り、いわば後付けで販売戦略や宣伝告知案を決めるのです。つまり、手ブレ補正技術が開発できたから、それを前面に出して告知していこう、という順番。

これでは、画期的な新製品を作れば売れた、高度成長期の考え方を引きずっているとしか思えない。

これは、作り手である会社が主導権を握ったやり方で、マーケティングの用語では**プロダクト・アウト**と呼ばれます。

それに対し、商品企画主導で、お客さまにはこういうニーズやウオンツがあるから、こんな商品をつくろうというのが、**マーケット・イン**と呼ばれるやり方です。

性能面ではもう十分に発達していて、使いこなせない機能だらけといわれる電気製品などでは、機能のさらなる開発が必ず消費者に喜ばれるわけではない。

数年前にどっと出た３Ｄのテレビなどはそのいい例です。

機能面の新しさばかりが先走って、結局は消費者には定着しませんでしたね。

あれは、はじめから売れないと誰もがわかりきっていました。

ヒット商品は生まれない

趣味・嗜好が多様化した今のような成熟消費社会では、マーケット・インでないとヒット作は生まれないと言われています。

大企業という組織形態では、もうお客さんのニーズを即時に拾っていくことが難しくなっています。私のいた会社でも、商品開発のスパンが遅過ぎると感じていました。新製品のプランニングが、なんと3年計画なのです。それでは、**仕事のスパンが長すぎて、時代の変化についていけるわけがない。**

第1章でも書きましたが、商品企画を募集するプロジェクトがあっても、何段階もの承認が必要なため、開発が決まった頃には、市場のニーズもすっかり変わっていた、なんてことが起こります。

一応、WEBを使った戦略も考えてはいて、お客さんのニーズを探るべく、製品購入者の会員組織をWEB上で作っていたようです。しかし、その計画フェーズがまた、3年という長大なものと知って、私は呆《あき》れてしまいました。

そんなスローな意思決定しかできない会社ばかりだとしたら、変化の激しいこれからの時代を、どれだけの企業が生き残っていけるでしょうか。

ソニーやパナソニックの例は、決して偶然の出来事ではないのです。


それに比べて、**インターネットのビジネスは、お客さんへのレスポンス速度を極限まで速めることが可能です。**


「こんな商品が欲しいなぁ」という、お客さんの要望を最速で反映できるのがネットの強みなのです。

売れ筋の商品が見つかったら、すぐに探して、世界からでも仕入れることができる。

ネットショップなら写真の掲載をすぐにできるので、人気が出始めた商品をすぐに取り扱うことができる。

お客さんから感想の声が届いたら、すぐにショップサイトに掲載して訪問者の反応を高くすることもできます。

また、メルマガやブログであれば、特定の対象に向けて、発売したばかりの商品や、電子書籍などの情報コンテンツをすぐに売ることも可能です。

いずれも、**企業のなかでは制約があり過ぎて、実現するのが難しいことばかり**です。

個人で、専門性の高いメーカーのようなビジネスを自分で興すことは、確かに難しいです。企業に勝てっこありません。

ですが、ゴールデンルールで紹介したような、転売ビジネスや紹介ビジネスであれば、今すぐにスタートできる環境が整っています。

一人でも始められるビジネスだからこそ、自分の判断だけで、自由にできるのです。会社では、そんな即断即決はまず無理ですよね。

◎サラリーマンの仕事はなくなる⁉

会社を滅亡に向かわせる重大な危機についてお話をします。

今後、今まであったサラリーマンの仕事はどんどん減っていき、しまいには消滅する可能性が非常に高い。

えっ、仕事がなくなるなんて、そんな馬鹿な……と思うかもしれません。

ここで、質問しますが、あなたの仕事は今、どんな職種ですか？

あなたの仕事は、あなたしかできないものですか？

「うーん、僕は専門職だから、大丈夫」

「持っている資格を活かしてやっていますから、心配ないです」

と心の中で思った方。

実は、それでは全然、安心できない。


仮にあなたが、優秀なコンピューター・プログラマーだとしましょう。

知識もあり、スキルもあるし、経験だってある。しかも年収は、700万円あると仮定します。

しかし、まったく同じレベルのスキルを持つ、インド人のプログラマーに同じ仕事を依頼した場合、年収いくらで働いてくれると思いますか？

なんと150万円です。

仕事のアウトソーシング化の場所は、もう国内だけではありません。

各企業で、海外に仕事を出すことが積極的に行われています。

日本のお客さんを相手にするコールセンターさえも、海外に拠点を置くところがあります。**あなたのかけた電話は、実は地球の裏側でとられているかもしれないのです。**

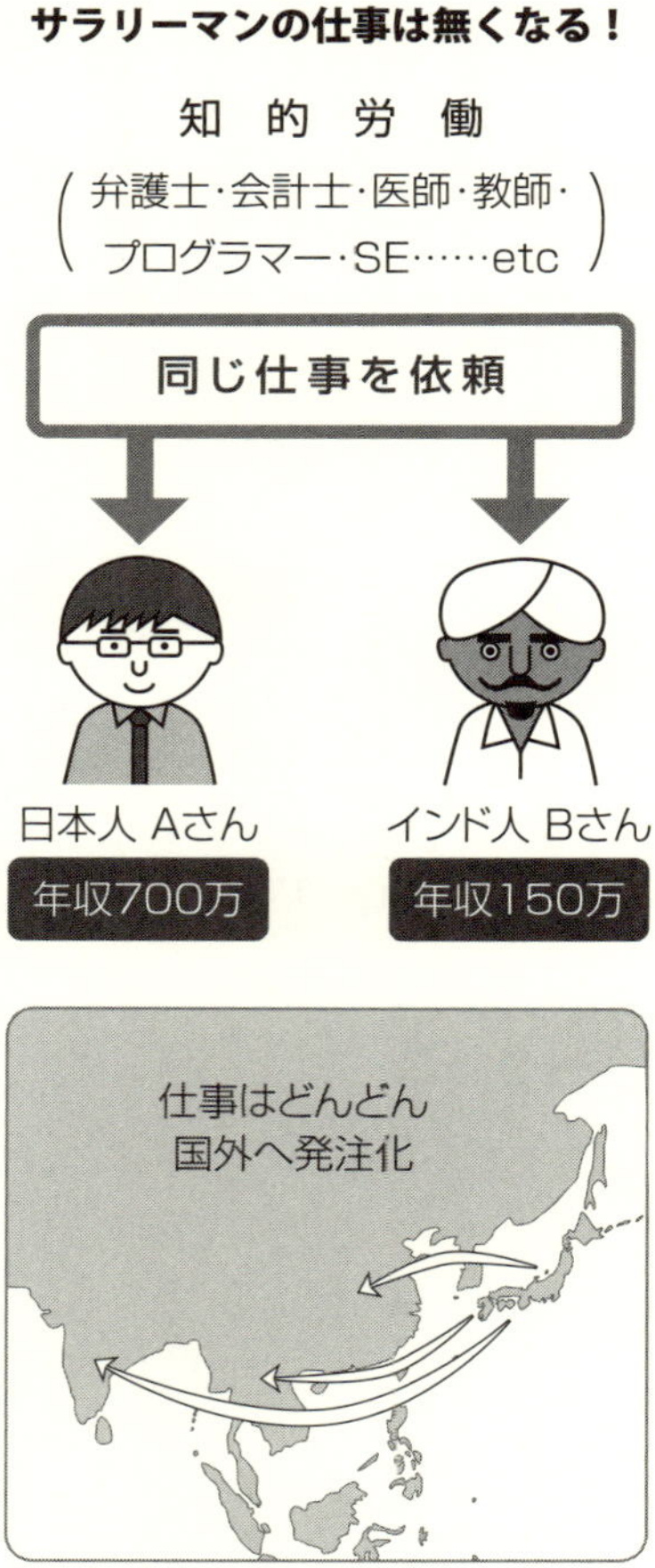

人間の労働形態は、農民の社会から工場労働者の社会、そしてナレッジワーカー（知的労働者）の社会に変化してきました。

例に挙げたようなプログラマーや、弁護士、会計士、医師、学校の教師といった専門職をナレッジワーカーと呼びます。

これは『もしドラ』で注目されたドラッガーが命名した職種分類で、「体力や手先の器用さではなく、学校で学んだナレッジ（知識）を活かして報酬を得ている人々」のこと。理論的、そして分析的知識を吸収し、それを適用していく。

左脳中心の思考に秀でていて、20年くらい前までは、情報化社会の先端を走るといわれる人々でした。

知的労働者の価値が落ちている

しかし今、あまりにも時代の進化が速すぎて「ナレッジワーカーの価値が、IT技術やインターネットにとって代わられるようになった」と米国の先進的なコンサルタント、ダニエル・ピンク氏が指摘しています。

インターネットの発達で、世界中の国で知識レベルがどんどん平準化されています。

つまり、できる仕事のレベルに差がなくなっているのです。

だから、以前はナレッジワーカーは食いっぱぐれがない職種と思われていたのですが、今ではもう、まったく将来を保証されていません。

今後、論理的な処理ですむ仕事は、世界中からどんどんアジアに外注化されていくことが予想されます。

日本の企業が、生き残りを賭けて自社の競争力を高めようとすると、社員の人数を減らしスリム化を考えざるを得ないからです。

すると、今いる日本の正規雇用の社員人口はますます減るばかり。

実際、ここ10年の間に、サラリーマン人口は400万人近く減ったというデータもあります。

ここまでくると、もう会社が好き、嫌いという話ではありません。

会社自体がなくなるとすれば、もうサラリーマンでいたくてもいられない。

自分の食べるお金は自分で稼ぐ、という時代が、確実にもうそこまで近づいています。ならばもう行動するしか選択の余地はありません。

私たちはどうやって稼げばいいのか

「会社が無くなる」といっても私たちは生きていかなくちゃならない。

では、いったい会社以外のどこから収入を得ればいいのか？

そうです。今まで書いてきたように、インターネットでできる簡単なビジネスから始めるのがオススメです。これが、確実に稼げて、しかもたくさん稼ぐことができる黄金の法則。

「うーん。でも、稼ぐには他の方法もあるよね？」

「投資っていう手もあるんじゃない？」

ここまでこの本を読んでくれた読者なら、すでに投資の危険性は感じてもらえたと思います。

株式投資で稼ぐことがどんなに難しいか、第2章の体験談で、身をもってお知らせしましたよね。

私が投資で失敗したきっかけは、雑誌の特集記事。これが、いかにも簡単に儲かりそうな言葉が並んでいるので、すっかりその気になってしまったのです。だからあなたにも同じ失敗はしないでほしいというのが私の本音。

今も、雑誌やネットなどで、投資に関する情報は頻繁に飛びかっています。私が世界同時株安で痛い目に遭った後、世間ではＦＸのブームが到来しました。投資は自分には向いていないと感じ、もう見向きもしませんでしたが、周囲ではＦＸ取引に参加する人が増えていましたね。

私の親戚でも、**超安定企業に勤めている30代の男が、FXで1000万円なくしました。**彼は貯金が趣味というほど堅実にお金を貯めていて、33歳にして3000万くらいの貯蓄を築いたのですが、ラクに増やそうと考えたのが失敗だったようです。2ヶ月くらいで1000万を失い、すっかり意気消沈していました。

そんな話はあなたのまわりにも、いっぱい転がっていると思います。

ですが、**なぜか「自分だけはうまくいくかも?」と思ってしまうのが投資情報の甘い罠です。**雑誌やインターネット広告などで、成功例だけを抽出していかにも簡単に儲かるように伝えていること自体そもそもおかしな話です。

投資で金儲けという甘い罠

基本的には、株もFXも、先物取引も、参加した95%の人が損失を出して撤退しています。よほどの資金力をもってやる覚悟でもない限り、手を出さないほうが絶対に賢明です。

サラリーマンが少額の資金を投入したところで、世界規模で巨額な投資マネーを動かしている本物の投資家に勝てるわけがない。

やはり、経済動向や市場要因などに左右され、自分がコントロールできないことに、大切なお金を使うべきではない。片手間で取引して儲けられるほど投資というビジネスは甘いものではありません。

それよりは、**原因と結果がはっきりしていること、つまり欲しいものを欲しい人に売るという商売の基本を覚えてしまったほうが、ずっと継続して稼げます。**

もうひとつ、稼ぐ情報に目覚めてしまった方を惑わせるものに「不動産投資」があります。いわゆるサラリーマン大家というもの。

サラリーマンであることを利用して、銀行から多額の融資を受け、アパートなどを一棟買い。借りたお金はその賃料で返済できて、余った分は自分の収入になるというロジックです。こちらも、雑誌・本・セミナーなどではいまだに根強い人気がありますね。

確かに、これでアパートの棟数を増やして成功し、リタイアした人を私も知っています。ただしこれも、失敗例はマスコミにはあまり出てこないもの。

買ったはいいけれど、空室が多くて、全然お金が残らない。

購入した中古物件の傷みがひどく、修繕費用がかさんで、むしろ赤字。

数千万も借金しているから、やめるわけにもいかないし、そもそも売ろうにも売れない。そんな厳しい状況で四苦八苦しながら大家を続けている人も、大勢います。

だいたい、ちょっと考えてみてください。

1棟買うのに数百万から数千万円の借金をするのです。仮に、5000万を借りて、10％の年利で回ったとしても年間400万の収入。さらに収入を増やすためには、どんどん融資を受け続け、投資額を増やさなければいけません。

投資額が多いほど、儲けやすいというのは経営の本質です。

でも、そんなレベルの高いことからいきなり挑戦する必要はない。

不動産オーナー、資産家といえば聞こえはいいですが、要はリスクを背負って自ら飛び込んで高額負債者になるのが不動産投資の原理・原則なのです。

うまくいかない場合は、多額の借金だけが残ります。

15億円借り入れて、年収数千万円。これが正常な状態といえるでしょうか？

成功はゴミ箱の中に

それに比べると、私の提案するインターネットのビジネスが、どんなにノーリスクで始められるか、おわかりになるかと思います。

最初に不要品を売って始めれば、元手ゼロからスタートできます。

中古品のリサイクルなんていうと、あまりステイタスを感じなくてやる気になれないかもしれません。

マクドナルドの創業者の自伝のタイトルに**『成功はゴミ箱の中に』**というものがあります。この言葉の響きが私は非常に好きです。

何もないところ、人が価値を感じないところから、有益なものを生み出していくビジネスモデルこそ、リスクが少ないのです。

意外と思うかもしれませんが、自分の身の回りから、一歩ずつ始めるのが成功の秘訣です。

大成功した世界の起業家の人々も、そういうスタートをしている人が非常に多い。

なんといっても今はインターネットでビジネスを始めやすい環境が、これでもかっというほど揃っているんです。

ネットの発達という文明の進歩が、自分で稼げる世界を創造してくれたのです。

「マンションオーナー」「一攫《いっかく》千金の株やＦＸ」「夢のセミリタイア」など、投資情報の甘い誘惑に、どうか心を奪われないことを願います。そのためにも、**もっと自分自身の力を信じてみてください。あなただけにしかできないことがきっとあるはず。**

生き残るヒント

会社という組織が瀕死の状況になっている一方で、インターネットにはかつてないほど個人にとってチャンスがたくさん転がっています。

ダニエル・ピンク氏は、コンピューターやネットの普及が、ナレッジワーカーに危機をもたらしたと言っています。

だとすれば、私たちは時代の流れに逆らわず、それを活用すべきなのです。

ネットにサイトを立ち上げれば、実際にスペースを借りてお店を構えなくても、モノを売る店がオープンできます。あなたは自宅にいながら、日本中いや、場合によっては世界中の人に対して商品を売ることができます。

これは、今までのビジネスに当てはめると、**日本全国にあなたの商品の営業マンを雇っているようなもの。あるいは、全国展開のチェーン店を持ったのと同じパワーがあります。**

言葉の壁を超えれば、世界中の人と取引をすることができます。私のようにスペイン製の陶器を買い付けて売ることもできますし、逆に日本の品を海外に売ることも可能なのです。

アメリカだろうと、ヨーロッパだろうと、地球の反対側のブラジルの人とだって個人でビジネスができます。

今、ネット上には自動翻訳をしてくれる機能があるので、言葉はたいした壁ではありません。現に、**英語なんて喋れない私が、海外輸入の品を転売して３００万円の売上げをたてた**のですから。

また Facebook では、今まで直接会うことなどあり得ないと思えた著名人やビジネスパーソンと、コンタクトをとり繋がることができます。なにかのコミュニティを立ち上げようとすれば、すぐに賛同者を集めることができます。

会社よりもずっと風通しがよく本音を言い合える、フラットな繋がりを持つことがネットではできるのです。実はここに、今後日本が世界を相手に生き残っていくためのヒントがあると感じています。

チャンスはすき間に

転売ビジネスにしても、コンテンツ販売にしても、ニッチ（すき間）なテーマというのはビジネスに直結します。

すでにたくさん競合がいる人気商品を扱っても、苦労するのは目に見えています。

たとえば、私はオーディオ機器やクラシックカメラをよく仕入れて売りましたが、非常にマニアックなお客さんが多く、高価な商品をよく購入してくれました。

またある方は、「ネイルアートの極意」というメルマガを発行して、５０００人の読者を獲得、動画で実践講座を配信して、毎月１７０万の利益をあげているそうです。

インターネットを使えば、いろんな趣味を持った人にすぐ繋がることができます。そういう方を相手に、非常に小さな規模のビジネスを展開することが可能です。ニッチな層に喜ばれる商品やコンテンツが見つかれば、たとえ買ってくれる相手が50人しかいなくても、ひとり5000円を払ってくれれば、25万円の売上げをあげることができます。

これが多いか少ないかは別として、そういうチャンスがネット上にはたくさん転がっているという現実に目を向けてみることが重要です。

こういった商売は、大企業にとっては規模が小さすぎて採算に合わない。だから個人がネットを使ってやるのには最適なのです。ネット上の様々なサービスが個人の運営を可能にし、経費もそれほどかからないので個人なら十分に利益を出せるのです。

こういったニッチ市場が今のところまだたくさんあります。誰も手をつけていない市場を見つけ、商品やコンテンツ、サービスをネット上で売ることができれば、あなたが稼ぎを独占できるのです。

ニーズがあるところには、必ず誰かが入って商売を始めます。他の誰かが始める前に、ネット上にあなただけのブルーオーシャンを見つけてください。

これが、**早く始めたほうがいい理由**のひとつです。

誰もいない青い海で、思う存分航海して稼ぎまくるチャンスが、まさに今なのです。

限りなく低いリスク

ネットでビジネスを始める場合、大きな資金は要りません。

ヤフオクから始めるなら、まず必要なのは、最初に仕入れる品の代金だけです。それも、家の不要品から始めれば、まさにゼロからスタートできます。

ネットショップを開くときは、カラーミーショップという大変便利なサービスがあります。ショッピングカートがついた自分のオリジナルのネットショップを開業できるパッケージで、月額875円で利用できます。

コンテンツ販売をするときは、サイトの製作費が少しかかりますが、サーバーのレンタル代金、メールマガジンの配信スタンドを借りる費用も含めて5万円あればおつりがきます。

ネットに作るものは仮想空間ですから、実際に開業する場合と比べて、おそろしく費用がかからず、リスクが低いのがわかりますか？

仮にビジネスがうまくいかなくても、損失はたかがしれていますよね。
もし株やＦＸ、不動産投資で失敗したらどうなりますか？

新しい時代のリーダー

ナレッジワーカー（知的労働者）の地位が危ないのであれば、現在このタイプの労働をしている人は、どうすればよいのだろう？

あなたが、もしナレッジワーカーだとすれば、こんな疑問が頭の中を占領していることでしょう。

それについて、ダニエル・ピンク氏は著書『ハイ・コンセプト』の中でこのように言っています。

今後は、法の整備、インターネットの発展等に伴い、左脳派の人間は不要となる。
これからは、クリエイティビティを発揮する右脳派の人間が、絶対的に必要とされる時代だ。
そして今、クリエイターや他人と共感できる人、パターン認識が出来る人、ものごとに意味を付加できる人などによって作られる社会に徐々に変化している。

日本や欧米のような先進国は、右脳を使って新しい価値を創造するような仕事ができないと、生き残っていけないということになります。

新しい価値を生み出す人は、どこの場所でも重宝されます。

例えば今、日本では、物を買うときにデザイン性はとても大切で不可欠な要素です。どんなに機能が良くてもデザインが良くないと、ヒット商品にはならない。

実は、生きていくのに最低限必要なものは、すでにみんなほとんど持っていますよね。だから、物を買うときは「必要だから買っている」わけじゃない。

例えば、私がいた会社ではデジカメを売っていましたが、機能面は「もう要らないんじゃないの？」というレベルまで進化しています。これ以上画素数がいくら増えたところで、一般ユーザーにとってはもう魅力にはなりません。

それよりは、デジカメ自体のデザインとか使い勝手、手触りという付加価値の部分が、お客の購買行動を決めるのです。

そして、私が第3章のゴールデンルールで語った最終段階というのは、「**価値**」を**生み出す仕事**だと思っています。

たとえば、メルマガやブログで、情報発信をすること。

ある情報が欲しい方に向けて、あなたが取捨選択した情報を紹介してあげたり、あなたなりのアドバイスをしてあげること。

また、何もないところから、あなた独自のノウハウやテクニックをまとめて、電子コンテンツにして提供するというのは、まさに新しい価値の創造です。

この段階に行くためにも、最初に取り組むオークションなどの転売ビジネスで、しっかり稼いでおくのです。

そうやって稼いだお金を再投資して、事業規模を大きくし、新しいステップに進むことが大事です。

会社ではなく個人の時代がやってきた

かつて、大量生産が始まる前の商売は、個人が中心でした。

江戸時代の町や、中世ヨーロッパの町並みを思い浮かべてみればわかると思います。お米屋、酒屋、呉服屋が軒を並べて一対一で商いを行なっていたわけです。

それから産業革命が起こり、会社という組織ができて、社員として人々は雇われて働くようになりました。

会社が発展することで経済は前に進んでいたので、会社に乗っかって働いていれば、とりあえず食べていけて最低限の生活はすることができました。

ですが、**いま再び、個人が商売をする時代に戻ってきています。それは、インターネットが、全世界をフラットに繋ぐという、えらく画期的なことを成し遂げてしまったからなのです。**

二十一世紀は、突出した個人の時代だと言われています。

国家や自治体ではなく、企業でもなく、個人が富を生み出して支配する時代だと世界の先端的な学者達が発言しているのです、

そして私は、**実際にネットを使って億以上のお金を稼ぐ**ようになって、まさにこれを実感しています。

多くの先人達がネットを使って、すでに個人で多くの富を築いていますし、私のあ

とからもフォロワーたちが続々と続いています。

ダニエル・ピンク氏が描いた、物事のパターンをみつけ、全体の調和をはかり、一見バラバラな事柄をまとめることのできる人が、ネットでコンテンツ事業を展開し、多くの富を得る姿があります。

私などは、まだまだその入り口に立った若造にしか過ぎません。

あなたも本書との出会いをきっかけに必ず行動に移してください。

なぜなら、あなたにはもう未来がイメージできるのだから。

◎第4章まとめ

▶今後、会社の昇給や成果給はほとんど期待できない。改善という名目で、給与全体を出し渋る企業がほとんど。自分の生活は自分の稼ぎで守る時代の突入だ。

▶家庭を持った場合、教育費とマイホーム購入、税金と社会保険料が出費の57％を占め、生活費が全然足りない現実。会社に頼らない収入を絶対に作る必要がある。

▶会社というシステムは、時代に追いつけず機能不全を起こしている。マーケティング、商品開発、意思決定など、どれもが後手に回り、生き残る企業は少数だ。2024年には会社がなくなるという大胆な予言もある。

▶ナレッジワーカー（知的労働者）と呼ばれる、プログラマー、弁護士、会計士、医師、学校の教師といった専門職は、今後、仕事がなくなっていく。アジアを中心とする安い労働力に取って代わられるからだ。

▶会社外から収入を得る手段――株式投資、FXなどは成功者が少なくリスクが高い。不動産投資も莫大な借金を一生抱え込む危険な方法。継続した収入源を作るには、自分でコントロールできることからやろう。

▶「欲しいものを欲しい人に売る」という商売の基本を覚えるのが、継続して稼ぐ確実な方法。これが理解できれば会社を辞めても起業できる。

▶インターネットは個人で稼ぐ方法の宝庫。自宅でやれて、小資金でよいので、限りなく低いリスクで自分だけのビジネスが展開できる。発想次第でどこまでも稼ぐことができる世界。

▶ネットにおいては会社でビジネスにならないことが商売になる。参入者がまだ少ない今がいちばんのチャンス。先行して自分のシェアを確保しておこう。

▶これからの時代、クリエイティビティを発揮する右脳派の人間がキーとなる。他人と共感できる人、パターン認識ができる人、ものごとに意味を付加できる人が活躍する。ゴールデンルールの後半で、これを実現。

▶インターネットの発達により、会社ではなく個人が活躍する時代がやってきた。もう会社の奴隷を続ける理由などない。今行動しないと乗り遅れる。

第5章

人生を好転させる非常識な
11のリスト

会社に頼らない

会社に将来を預けても、夢を描いても、期待が応えられることはありません。

ずっと会社というものに馴染めなくて、私が過ごした7年間。

周囲からは、つき合いの悪いヤツ、クールなヤツ、協調性のないヤツなどと思われていたようですが、私自身はそんなつもりはなかったんです。

ただ、**意味のないこと、くだらないことは嫌でした。**

「これはおかしい」「時間の無駄だ」と感じたことには同調しないで、自分のやり方を通しただけ。

だから、ときには上司と衝突して、大ゲンカになることもありましたね。

でも、そのように**自分の感覚を信じてやってきたからこそ、今の幸福と自由があるんだ**と思っています。

会社にどっぷり染まってやっていたら、今もゼーゼー言って、会社に不満を抱きながら、奴隷状態から抜け出せずにもがいていたでしょう。

突然のリストラ宣告を受けたり、降格、左遷などをされた人に限って、こんな愚痴を言います。

「今まで、こんなに会社のためにガマンしてきたのに……」

後で恨み言を言うくらいなら、いっそ我慢なんてしないほうがイイと思います。

先輩がこうだから、同僚がこうだから、と右へならえをする必要なんてない。

うわべだけチームワークが良さそうにみんなで仕事をしていても、その行く先に墓場が待っているとしたら、一緒になって愛想笑いをしている場合ではないんです。

会社は、あなたを助けてはくれません。

会社そのものが、生き残る道を探して迷走している時代です。

社員の労働から搾り取るだけ搾り取って、自分の延命をするのが、精いっぱい。

一人ひとりの社員の行く末、老後なんて考えてくれてはいません。

いっぽうで、それに早く気づき、会社に頼らない人生を選んだ人には、追い風が吹いています。

インターネットがこれだけ普及したことが、自分でお金を稼ぐ方法をたくさん生み出してくれたからです。

過去を振り返っても、個人が自分でビジネスをするのに、これほど適した時代はないでしょう。

◎ハミ出すくらいの勇気をもとう

自由になり、家族を大切にしたり、やりたかったことを始めるには、豊かにならないといけません。

しかし、会社で頑張っても、豊かにはなれないことはすでにお伝えしましたね。

だから、会社以外で稼ぐことを始めなければいけない。

いきなり辞めて起業するのはリスクがあるので、まずは働きながらでも良いので始めてください。選択し、行動することが成功の基本です。


そのためには、会社に捧げている（奪われている？）無駄な時間を取り戻し、稼ぐための時間に充てる。

みんなと違う行動をすることは、最初あなたを不安にするかもしれません。

しかし、あなたの人生を助けるのはあなた自身の行動。

まわりの上司でも先輩でも同僚でもないことを、頭に叩き込んでください。

あなたが本当に大切にするべきなのは、家族であり、自分自身の夢なのです。

この本で、あなたは今の自分が置かれている危険に気づきました。

そして、その状況を変えるため方法も知りました。

あとは、行動に移すこと。

自由な人生を手に入れるための行動を起こすために何をしたらいいのか。

最後に、人生を好転させるため、たった今からあなたが始めることを11個のリストにしてお伝えします。

第3章でお話しした稼ぐための方法ではありません。

まず、会社という時間泥棒からあなたの時間を取り戻すための、今日からできる11個のリストです。

もうひとつ、自由を求めて行動を起こし始めたあなたに、お伝えしたい事実があります。

あなたは、まわりの皆と同じであってはいけません。

ここに、自由な生活を手に入れている「富裕層」のひとつの定義があります。

世帯年収2000万円以上で、金融資産が1億円以上、というものです。

資産を1億円貯めるにはちょっと時間が必要としても、当面、富裕層の仲間入りをするには、年収2000万以上を目標にするとよいかもしれません。

あなたを自由にするための、目標年収額です。


年収が2000万円以上ある人は、今のところ日本の労働人口の中で0・4％しかいません。


めちゃくちゃ少数です。

少数だということは、その他大勢と同じことをしていては、決して自由も豊かさも手に入らないということ。

今からあなたは、会社の中でまともな社員であってはいけません。

まずは奪われた時間を取り戻すために、非常識な行動ができる社員になってください。

「あいつ、変わったな」と言われても、まったく気にする必要はないのです。

行動するだけで、不思議なほど人生が好転していきます。

自由になるための非常識な11個のリスト
～「時間泥棒」から自分の人生を守る技～

1 空気を読まず帰れ

・雰囲気で帰れないために起こるサービス残業
・何時間かけたとしても、アイデアなんて出るはずのない会議
・全力でプレーして相手に勝つと、変な空気になる休日の社内接待ゴルフ

他にも、休日出勤、つき合いの飲み会……など。

会社という場所は、何かと理由をつけてあなたの時間を奪う名目を次から次へと繰り出してきます。

まるで、せっかく給与を払っているんだから、思う存分使わないと損だと思っているようです。

今日の残業や週末の休日出勤が、本当に必要なのか？
よく胸に手を当てて考えてください。

私は、当日必ず片付けなきゃならない仕事がすべて終わっていたら、まわりが残っていようが全く気にせず、17時半に帰っていました。

同じ部署の人間がまだみんな残っているから、なんとなく帰りづらい……。みんな休日も会社に出るようだから、自分も出ようか。

そんな理由で会社に居るのは絶対にやめましょう。そこで仲間意識をアピールしたところで、あなたに何のメリットもありません。

「空気を読む」とよく言いますが、会社に関する限り、今後あなたはまわりの空気を読む必要はいっさいありません。

ＫＹ（空気を読めない）と言われても、自分勝手と言われてもできるだけ速やかにさっさと帰宅することです。**同僚から「あいつ要領いいよな」と言われる社員がベストです。**

★2 飲み会を無視しろ

あなたにお聞きしたいのですが、**会社の飲み会は、心からホントに楽しいですか？**

それよりは気の合う友人や家族と過ごすほうが楽しいはず。

社内でうわべだけの人間関係を築いても、将来の財産には決してなりません。

私は、会社の飲み会が本当にストレスで、嫌悪していました。

入社して半年くらいで、その90％以上は出席しないようになりました。

仕事の愚痴、上司や先輩の悪口、お客さんの愚痴が永遠に繰り返されるだけで、なんの生産性もない飲み会がほとんど。

上司が誘ってくる飲み会はさらに最悪です。説教や自慢話が大半を占めるくせに、おごってくれることもほとんどないのですから。

時間が奪われる。ストレスがたまる。お金もなくなる。思考がマイナスになる。本を読んだり、勉強をする時間もなくなる。

つまり、何にもいいことはないんです。

仕事上でストレスがたまることがあるのなら、仕事中に解決しておくべきなのです。その場は我慢してやり過ごすから、仕事も余計間違ったほうに進んでいくのです。

また、末端社員がやる取引先との飲み会もあまり意味はありません。仕事の潤滑油だと言っていますが、これも業務中にうまく人間関係をつくってしまえば、不要です。昼間も会って、夜も飲み会で会って、２段階でコミュニケーションをする意味がありません。

飲み会で交流したり、商談をしたりする意味があるのは、会社のトップか決済権者だけです。自立して経営者となった今では、私も飲み会の重要性はわかりますが。

★3 携帯の電源を切れ

これは、不必要なコミュニケーションを避け、会社から自分を守るためのひとつのテクニックです。

今は誰でも携帯電話を持っているので、いつでもところ構わず、会社や取引先などがあなたのプライベートに介入してくる可能性があります。

私がよく使っていたのは、やむを得ない事情で出席しなければならない会社や取引先との飲み会のとき。

2次会に誘われそうだけど、正面から断ると角が立つというときは、まずお店から姿を消して携帯の電源を切ってしまいます。

そして、電車に乗ってから電源を入れるのです。

電話をとっても「あー、すみません。もう電車に乗っちゃったんですー」と言えば、相手もあきらめてくれます。

また、電話をとる側というのは、事前に会話の内容がわからないため、準備不足で交渉の際に不利になるケースが非常に多いですし、**はっきりした意志がないときは、相手の意見に流されやすくなってしまう。**これが携帯の怖さでもあります。

他には、時間管理の鉄則として、毎日色々なことをやってやろうと思うこと自体間違っていますし、1時間さらには分単位で仕事や飲み会を埋め尽くすようなことはやるべきでないのです。

携帯の電源を切り自分の時間を確保し、もう一度次のことを考え、この際あなたの仕事やプライベートも整理してみましょう。

・どうでもいいようなことをうまくやっても、それが重要なわけでない。

・重要なことだけを仕事にすると、やることが限定され、仕事の時間が短くできる。

★4 新聞は読むな

今さら言うまでもないですが、新聞を契約する必要もないですし、読むこともありません。

「新聞を読んでいたので、こんなに成功しました！」とか、「新聞のおかげで、商売の危機を救われました」という話を聞いたことがありますか？

今やほとんどのニュースがより早くネットで手に入れることができます。

また、よりディープな情報が得られるのもネットです。

さらに、ニュースを隅から隅まで読むなんていうのは、もってのほかです。

総合的、網羅的な情報をいくら持っていても何の役にも立たず、インプットしている時間がまったくの無駄になってしまいます。

さらにいうと、大新聞やテレビの報道は、中立を装っているように見えて、そこには相当なバイアスがかかっています。新聞も営利企業である以上は、広告主や政治力の影響からは逃れられず、情報の伝え方に操作が加わります。

そんな一方的な情報をありがたく読んでも、あなたの思考が濁ってしまうだけ。

自立して稼ぐ方法を身につけていくと、オリジナルの情報源がみつかってきます。

本当に必要な情報は、自分でキャッチする力を身につけましょう。

5 資格は取るな

今、資格をとる通信講座やスクールが盛況のようです。

しかし、資格をとっても気休めにもなりません。それがあなたを豊かにすることはないですし、自由にもしてはくれません。

私は自動車の普通免許しか持っていません。

資格があると、転職や就職のときに有利だといいますが、また会社組織の支配下に飛び込む行為を繰り返すだけです。高いスキルを持っていても正当な評価をされず、搾取されるのがオチです。

もちろん独立しても、同じ。

明確なマーケティングの戦略なしに開業をしても激しい安売り競争の中ですり減っていくだけです。**今や歯医者さんや、行政書士、税理士でも年収300万円以下の人がゴロゴロいるのが現状です。**

さらに、皆さんが目指す資格のほとんどが、知的労働のためのものです。ナレッジワーカー（知的労働者）の仕事は、どんどんアジアの労働者に奪われていくことは、第4章でお話ししたとおりで、明るい未来はないのです。

こんな環境で、資格をとるために努力しても、あなたの貴重な時間やお金を浪費するだけ。そんな**遠回りな自己投資**はやめて、もっと役立つことにあなたの資源を使いましょう。

それは、ネットを使って物を売るということです。「**商売をする力**」は、この先ずっとあなたを助けてくれます。

6 名刺は捨てろ

私は、会社を辞めたとき、前職でたまっていた名刺は全部さっと捨てました。

一瞬だけ迷ったのですが「ええい、もういいや」と。

結局、その後一度も困っていません。

今も続いている友人とは、携帯電話で繋がっていますし、なんの問題もなし。

会社で得た人脈は、ほとんどあなたの役には立ちません。

人生で本当に必要な人脈は、会社での繋がりからは生まれません。

前職の関連で今つき合いがあるのは、会社を辞めて独立したり、転職をして頑張っている人たち。

会社では、つき合い嫌いで有名で、人間関係の構築なんて無視していた私ですが、仲良くしてくれる人は、ちゃんと今でも連絡をくれます。

そもそもサラリーマン対サラリーマンのつきあいなんて、いわば「会社の手先のつながり」であって、ほとんど意味はない。

たとえて言うと、セブン‐イレブンのアルバイト君とマクドナルドのアルバイト君が雑談をしているようなもので、そこでは何も生まれないんです。

入社当初こそ、名刺を綺麗にファイリングしていたものですが、次第にそれもやらなくなりました。会社対会社のコミュニケーションの中でも、キーマンは限られているので、重要な名刺はほんの一部なのです。

7 課長におごれ

あなたの味方になってくれる**上司に対しては、どんどんおごりましょう。**

これは、早い話が社内接待。

出世したいために上司に贈り物をする社員が、昔はいたみたいですが、それとは目的が違います。会社内・外での自由を増やすために、課長を味方にしておくのが狙い。

ここで書いている11のリストを実践すると、場合によってはあなたへの風当たりが強くなる場合があります。そのストレス軽減と、行動の自由をなるべく確保するために、もっとも身近な上司を、買収しようという作戦です。

おごるのは、ランチでも焼き鳥でも、気軽なものでいい。

人間は食べ物をおごってくれたり、何かをしてくれた人には、冷たくできない。むしろ便宜をはかったり、有利に働いてくれるという習性を持っています。

心理学では、これを「返報性の原理」といいます。

ビジネスシーンでは接待などで使われますが、非常に効果的なので、身近なところでも迷わずやるとよい。

課長が、あなたに「いい思いをさせてもらった」という記憶があれば、大事な会議などを欠席したときも、うまくフォローをしてくれるようになります。

同僚とのくだらない飲み会にお金を使うことはないですが、こういうところにはためらわずきっちりと使うこと。

いざというときに、必ず役に立ちます。

もちろん、これを実践するのは、あなたがゴールデンルールで稼ぐようになってからでOKです。

★8 出世欲は捨てろ

あなたが、もし出世欲を持っているなら、今すぐに捨ててください。

会社から自由になるためには「出世欲」が最大の敵となります。

出世というものは、その会社組織の中で上を目指そうという考え方ですから、結局は会社の論理や慣習に、ものすごく洗脳されていきます。

上司の顔色を窺《うかが》ったり、社内の人間関係に気をつかったり、もっとも会社にこき使われることになります。

一見、社内の競争に勝ち残ったように見える40代以上の部長達が、どんなに死んだ目をしていたかを、私は覚えています。

会社と部下たちの板ばさみになって尽きないストレスと、押し付けられる責任。
30年ローンで建てた郊外のマイホームから1時間以上も満員電車に揺られての通勤。
重い教育費負担で小遣いは減らされ、パートに出ている奥さんともすれ違いの毎日。
まさに会社に魂を捧げ、一生を奴隷のように暮らす人生です。

出世などという惨めな願望を、あなたは二度と抱いてはいけません。

何度も言いますが、**出世しても豊かにはなりません。会社があなたを洗脳するために作り上げた幻想です。**

★9 楽なことから取りかかれ

大事なこと、重要なことは、やり遂げるのが難しいという錯覚があります。

つまり、会社以外から収入を生み出すなんて、すごく難しいのでは？　という思い込みがあなたにはあるはず。

ですが、実は自分の力で稼ぐというのは意外と簡単。それも、私がやったのは、家の中の不要品を売るという実にレベルの低いことでした。

会社で仕事をしていると、意味もなく難しそうな言葉を使ったり、書類をつくったりすることが多いと思います。あれは本当にダサいです。なので難しそうなこと＝価値のあることのような思い込みを抱いてしまっています。

ですから、高等教育を受けて、いい学校を出て、いい会社に入るのが一番豊かになる方法だと勘違いするのですが、はっきり言って大間違いです。

お金を稼ぐというのは、もっとずっとシンプルなこと。そういうことは、日本の学校でも全然教えないので、みんな商売のことがわかっていないのです。

今のあなたが、まずお金を稼いで自由になりたければ、ホントにカンタンなことから始めるのが一番。

なぜなら、人間は最初に走り出すのに最もエネルギーが要るからです。

難しいビジネスモデルをあれこれ思案して時間を費やすよりも、最初の一歩を踏み出すことが先決です。

だから、容易にお金が稼げるヤフオクから始めるのがいいんです。

まずはサクッと現金を手にしてみましょう。

その小さな一歩が、あなたの自由への偉大な一歩をもたらします。

10 同僚とランチに行くな

会社の同僚というのは、現在の仕事を一緒にしている同志と感じ、重要な存在だと思いがちですが、それこそがまさに勘違いなのです。よくよく考えてみてください。

同僚の人は、あなたを幸せにすることはできますか？

あなたの夢を叶えてくれますか？

あなたが理想とする生活を手に入れるための協力をしてくれますか？


答えはノーですよね。


同じプロジェクトの同僚とは、たまにはランチミーティングをすることもあるでしょう。

私は、その誘いを全て断れと言っているわけではありません。

同僚との会話や一緒に過ごす時間などが**コンフォートゾーン**（居心地のいい空間）となり、それに依存し、そこから抜け出せなくなることがいけないのです。

つまり、この現状に満足していると、あなたの成長はそこで止まってしまいます。


人間はその生涯で会える人の数は限られています。さらにその中で、顔と名前が一致し、印象に残っている人などは１００人ぐらいだと言われています。

そうであれば、同僚とランチに行くのをやめて、**明日からは、自分を次のステージ**

へと連れて行ってくれるような意識の高い社外の人とランチに行くべきです。

そうすることで、あなたの価値観や常識に変化が起き、それがあなたを飛躍的に成長させてくれることでしょう。会いたい人をどんどんランチに誘い、自分から会いに行くべきなのです。

会社の上司や同僚が持っている価値観や常識から一歩離れてみると、それに囚われていたのがなんてバカバカしいことなのかが分かります。

これからのあなたはそんな価値観や常識に影響されてはいけません。

あなたを幸せにしてくれる人やあなたの夢に協力してくれる人をランチに誘いましょう。そこには、必ず新しい発見と人生のチャンスがあります。

★11 決断したら考えるな

「やろう」と一度決断したら、先送りはしないこと。

即行動あるのみです。

もたもたしていると、まわりにいる現状の危機的状況に何も気づいていない同僚たちにうっかり同調し、また気持ちを引っ張られてしまいます。
準備は不完全でもいいから、すぐに行動に移しましょう。

「巧遅より拙速」という言葉があります。

今は何事も、クオリティよりスピードが求められる時代。
用意が6割できたら走り出す、くらいでちょうどよい。あとの4割は動きながら修正していくのでよい。

これはビジネスもまったく一緒で、時代の変化が速いので、それくらいでないとお客さんのニーズにヒットすることができないのです。

ですので、これだけネットで商売をしやすい環境が揃っている好機のうちに、始めることが正解なのです。

未開拓の森に早く足を踏み入れた者が、より多くの美味しい実を食べることができるのは、どんな世界でも共通の真実です。

あなただけの人生を取り戻そう

会社に勤めていて、しんどいなーと思うとき、次のような言葉が頭をよぎったことはありませんか？

「自分はいったい、生きるために働いているのか。働くために生きているのか」

「そりゃ、生きるために働いているんだよ！」

と言うでしょうか？

実は、これは、私に言わせるとどっちも最低です。

働くことには本来、喜びや感謝の気持ちがないといけないと思います。

理想論に聞こえるかもしれませんが、働けば働くほど、自分が豊かになって経済的、時間的な自由を得るための労働でないと、頑張る気力が失せていきます。

一年中、仕事に追われてあくせくしながらお金や雇用の不安に怯えるような暮らしは、働くことに人生を奪われているわけです。

もっというと、日本では会社に人生を奪われている人が多すぎる。

まるで家畜のように、決まった給料という鎖に繋がれて、時間を奪われ、支配されているサラリーマン。

なんとか生きていけるだけのお金を与えられ、過剰なストレスをかけられ、家族や恋人との時間もない、将来の夢も持てない……。

このままでは幸福な人生だとは言えません。頑張って生きている実感もありません。

もう、タイムリミットは近い。

会社から、今こそあなたの人生を取り戻しましょう。

第5章のワーク

あなたが自由を手にするために今日からできることを書き出してみよう。

◎第5章まとめ

▶会社に歩調を合わせることも、我慢をすることもない。精神的な依存から脱却してあなただけの人生を歩んでいこう。

▶自分の夢や家族を大切にするためには収入をつくること。そのためにはまず副業ができる時間をつくろう。時間は平等に与えられたもの。

▶人生を好転させる非常識な11のリストを徹底して死守する。

1. 空気を読まず帰れ
2. 飲み会を無視しろ
3. 携帯の電源を切れ
4. 新聞は読むな
5. 資格は取るな
6. 名刺は捨てろ
7. 課長におごれ
8. 出世欲は捨てろ
9. 楽なことから取りかかれ
10. 同僚とランチに行くな
11. 決断したら考えるな

このリストを明日から実践し、
あなたの人生を取り戻そう！

あとがき

最後まで読んでいただき本当にありがとうございました。

『クビでも年収一億円』はいかがだったでしょうか？

今、この瞬間にこの本を読み終えたあなたは本当にラッキーです。

なぜなら、あなたが生きるこの時代は、これまでの歴史上、最も個人が輝く時代だからです。

そして、これを今日あなたに伝えられた事を私は心から嬉しく思っています。

私もほんの数ケ月前まで普通のサラリーマンでした。

眠たい目をこすりながらベッドから抜け出し、朝食を取る時間もなくスーツに着替え家を出る。そして、駅までダッシュで向かい、ぎゅうぎゅうの電車に慌てて乗り込む。満員電車は疲れきった人々のストレスが充満した空間で、肩がぶつかっただけで、

あとがき

ひどく怒られた事も多々あります。

会社に着いたら着いたで、朝から意味のない会議の連続で仕事は山積み。さらに、結果を出したとしても給与に反映されないシステム。

これではモチベーションが上がるはずもありません。


うっすらと疑問を感じながらも、これが当たり前で誰もがやっていることと思って過ごした7年間。

この7年間、私はある意味「世間の常識」に「洗脳」されていたのだと思っています。


しかし、この本を読み終えたあなたは「世間の常識」という「洗脳」から解き放たれました。

今のあなたは、昨日までのあなたとは圧倒的に異なる意識でいるはずです。

そして、あなたの目の前にあるのは、無限に広がる「自由」への可能性です。

私は、サラリーマン時代では決して得られる事のなかった圧倒的な「自由」を手にしています。いつだって産まれたばかりの息子の相手を一日中している事も可能です。

平日だとか土日だとか全く関係ありません。

明日からハワイに行こうと思えば、何の問題もなく行く事ができます。

「大事な人と大事な時間を過ごす」という、これ以上無い最高の「自由」を手にしました。


これは私が特別なわけではありません。

これから来たる個人が輝く最高の時代に、本書に出会ったあなただからこそ、間違いなく実現できるのです。


第5章では「自由になるための非常識な11個のリスト」を紹介しました。

正直、あまりにも非常識なために色々な所からおしかりを受ける事も覚悟しています。また、あまりにも「普通」から外れているために、あなたもこれを実践することは怖いと感じるかもしれません。

ですが、本書で話した通り日本人口における年収2000万円以上の割合はたったの0・4%なのです。この圧倒的少数はすなわち「普通」から外れることを意味しています。ですので、この「自由になるための非常識な11個のリスト」の実践を恐れる必要はありません。

むしろ、堂々と「普通」から外れてください。

本書を読み終えたあなたには2つの選択肢があります。

1つ目は、私の話を「どうせお前はラッキーだったんだろ。よかったね」と冷めた目で読み、本書を永久に葬り去る事。

今の人生に満足で、これから先何十年も続いて行く事に疑問を感じなければ、その選択肢は問題ありません。

日本社会は、少しずつ少しずつ崩壊しているので、そんなに痛みも感じずに洗脳されたまま人生を終える事ができます。安心してください。

2つ目は、この「歴史上最も個人が輝く時代にいる」という大チャンスに気づき、本書の内容を素直に実践する事。

今の人生に閉塞感を感じていればいるほどダイナミックに行動できるはずなので、あなたが「自由」を手にする可能性は圧倒的に高くなります。

この「自由」を手にした時のあなたは、今まで感じた事のない「人生の充実感」を得ているでしょう。


あなたの背中をそっと押すために、本書を書いた私としては、当然2つ目を選択してほしいと考えています。


一番大変なのは、最初の一歩を踏み出す事。

大きな岩を動かそうとする時は、最初に大きな力が必要ですよね？

ですが、いったん転がりだすとどんどん加速して転がっていきます。同様に、あなたが最初の一歩を踏み出すと、その一歩が加速してどんどん進んでいくのです。

大事なのは最初の一歩。

あなたが今この瞬間に最初の一歩を踏み出す事を心から願っています。

そして、最初の一歩を踏み出したあなたと直接お会いできる日が来ることを心待ちにしています。

最後になりましたが、今回このように書籍という形で世の中に自分の意志を発信することができたのは、日頃私のメールマガジンを購読していただいている読者の皆様や、セミナーに参加いただいている皆様の支えがあってのモノです。

本書の制作中から、メール、Facebook、Twitterを通して多くの応援や励ましの言葉をいただき、ここまでたどり着くことができました。

皆様には心から感謝しております。本当にありがとうございました。

２０１２年９月

小玉　歩

[著者プロフィール]

小玉　歩（こだま・あゆむ）

1981年生まれ。秋田県出身。

2003年に新潟大学を卒業後、キヤノンマーケティングジャパン株式会社へ入社。

2008年に趣味でやっていたバンド活動のストリートライブが、音楽業界関係者の目にとまりスカウトされる。

翌年には、元19の岩瀬敬吾氏と「ズッコケ男道」や「たんぽぽ」の作曲で有名なピエール氏をプロデューサーに迎えアルバム「17 September」でなんとメジャーデビューしてしまう。当然、このときもサラリーマンなのだが。

その一方で、一攫千金を目指して取り組んだ株式投資で大やけどをし、数百万円の損失を被る。この損失の穴埋めをするために、サラリーマンでありながら深夜に居酒屋のバイトをスタート。バイト先の同僚からは「小玉ってどこ大学？」と聞かれ適当に答える日々が続く。

そんなことをしながらも社内では優秀社員の称号をいただき、2010年には憧れの部署であるマーケティング部へ移動。デジタルカメラの日本国内マーケティングを担当する。このときに駆使した「会社で自分を優秀に見せる手法」は34個を超える。

しかし、2011年にゴールデンルールを使いインターネットビジネスで稼いだ金額が年収1億円を突破し、会社にバレ、あっさりクビになる。

現在、Frontline Marketing Japan株式会社代表取締役。

コンテンツ販売事業を始め、日本最大のスイーツ口コミサイト「@スイーツ」、全国8ヶ所の美容室ランキングサイト「かみなび」、保険代理店の評価サイト「保険屋さん.net」を運営する。

趣味はサッカー。プレイも観戦も大好きであるが、先日激しいタックルを受けた際に肋骨を骨折したため、最近はもっぱら観戦が中心。

特に、日本代表の試合があるとどんなスケジュールよりも最優先で試合観戦をする。

HP：　http://kodamaayumu.com
メールアドレス：mail@kubioku.com

角川フォレスタ

クビでも年収《ねんしゅう》1億円《おくえん》

二〇一二年九月二十五日　初版発行

著　者——小玉《こだま》　歩《あゆむ》
発行者——山下直久
発行所——株式会社　角川学芸出版
〒一〇二-〇〇七一
東京都千代田区富士見二-十三-三
電話（〇三）五二一五-七八三一（編集）
http://www.kadokawagakugei.com/
発売元——株式会社　角川グループパブリッシング
〒一〇二-八一七七
東京都千代田区富士見二-十三-三
電話（〇三）三二三八-八五二一（営業）
http://www.kadokawa.co.jp/
印刷所——シナノ書籍印刷株式会社
製本所——シナノ書籍印刷株式会社
落丁・乱丁本はご面倒でも角川グループ受注センター
読者係宛にお送りください。
送料は小社負担でお取り替えいたします。

ISBN978-4-04-653797-3 C0030

好評既刊　※全て四六判並製

あなたの夢実現を加速させる「人脈塾」

鳥居祐一

「成功するには人脈を！」と、ただただ焦るのはやめよう。真の人脈とは、お互いの夢や目標を応援できる仲間なのです。あなたの夢の実現を確実にスピードアップさせる極意を教えます！

ISBN 978-4-04-653782-9

人もお金もどんどん集まるサロンの作り方のヒミツ教えます

サニー久永

技術を身につけ、セラピストになったけど……独立できない！集客できない！　さあ、どうする？　60店舗以上のサロンの開業実績を持つ著者が実体験を元に、初心者にもわかる「稼ぎ方」を教えます。

ISBN 978-4-04-653780-5

土日社長になっていきなり年収＋96万円稼ぐ法

松尾昭仁

独立で年収７００万円、副業で年収プラス96万円を確実に稼ぐための起業準備から事業を軌道に乗せるまでのノウハウを伝授！人生を、働き方を、生き方を変える。あなたの〝CHANGE〟のきっかけとなる一冊。

ISBN 978-4-04-653786-7

士業のための「生き残り」経営術

東川　仁

苦労して資格を取って独立しても、それだけではなかなか生活していけないこの時代。士業が独立して生き残っていく上で、最も重要な顧客獲得のための「お金の使い方」と「お金の借り方」を一挙公開！

ISBN 978-4-04-653788-1

好評既刊　※全て四六判並製

人生を好転させるたった2つのこと 「自分には何もない」と思った時に読む本

吉江　勝

自分には何もないと思っているなら「たった2つ」のことを実践しよう！　5000人以上のクライアントとの出会いから著者が発見した人生が好転する秘訣を悩み多きビジネスパーソンたちに伝授します。

ISBN 978-4-04-653785-0

ホントにカンタン！　誰でもできる！ 個人ではじめる輸入ビジネス

大須賀　祐

カリスマ・インポーターが輸入ビジネスの始め方から成功するまでの秘訣を伝授！　まったくの初心者にもわかりやすく丁寧な解説で、楽しみながら海外商品を発掘して稼げるノウハウが満載の一冊。

ISBN 978-4-04-653793-5

職場も家庭もうまくいく「ねぎらい」の魔法

兼重日奈子

「ねぎらい」という概念を持つことで、様々な人間関係が変化していく様子を、実話をもとにしたストーリー仕立てで紹介。「どうすれば人との関わりの中で幸福を見いだせるか？」をわかりやすく解説していく。

ISBN 978-4-04-653791-1

「成功」のトリセツ

水野俊哉

「成功」という、実態はないが皆が欲しがる不思議な事象がある。自身の成功法則モルモット体験と多くの成功者から得た生の情報、共通点などから「なぜ成功本を読んでも成功しないのか？」というジレンマを解決。

ISBN 978-4-04-653794-2